高等教育"十四五"部委级规划教材

时尚产品设计系列丛书

丛书主编 俞英 田玉晶

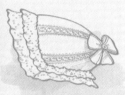

帽饰设计与表达

俞英 杨洁 田玉晶 编著

U0377579

東華大学 出版社·上海

图书在版编目（CIP）数据

帽饰设计与表达 / 俞英编著 . -- 上海 : 东华大学出版社 , 2022.10
ISBN 978-7-5669-2117-8

Ⅰ . ①帽… Ⅱ . ①俞… Ⅲ . ①帽－服装设计 Ⅳ .
① TS941.721

中国版本图书馆 CIP 数据核字 (2022) 第 179715 号

帽饰设计与表达
Maoshi Sheji Yu Biaoda

俞英 杨洁 田玉晶 编著
出　　版: 东华大学出版社（上海市延安西路 1882 号，200051）
网　　址: http://dhupress.dhu.edu.cn
天猫旗舰店: http://dhdx.tmall.com
营销中心: 021-62193056 62373056 62379558
印　　刷: 上海盛通时代印刷有限公司
开　　本: 787mm × 1092mm 1/16 印张: 8
字　　数: 300 千字
版　　次: 2022 年 11 月第 1 版
印　　次: 2022 年 11 月第 1 次印刷
书　　号: ISBN 978-7-5669-2117-8
定　　价: 49.00 元

丛书主编简介

俞英

东华大学服装与艺术设计学院教授，致力于产品、时尚产品设计教学与研究工作。

1984 年 7 月毕业于无锡轻工业学院 (现为江南大学) 产品设计专业，先后于安徽工程大学、上海交通大学、东华大学等高等院校任教三十余年，现为上海立达学院特聘教授。主持科研项目二十余项，申请实用新型与发明专利二十余项，发表论文二十余篇，出版《服装设计表现技法荟萃》《时装局部设计与裁剪 500 例》《绣花图案 1000 例》《卡通造型设计》《产品设计模型表现》《平面·立体·形态创意》《设施空间畅想》《工业设计资料集》及《时尚产品设计》等书籍十多本。同时也参与了《流行上海：2014-2015 秋冬海派时尚流行趋势》《流行上海：2016-2017 秋冬海派时尚流行趋势》《流行上海：2018 春夏海派时尚流行趋势》等海派流行趋势专著的编写工作。指导学生参加国际、国内大赛获得金奖、银奖等 200 多人次。

田玉晶

东华大学服装与艺术设计学院产品设计系副教授、硕士生导师。主要研究方向为时尚产品设计创新与策略研究。研究涉及鞋、包、帽、辅料等时尚配饰产品设计开发过程中的精准策略研究 (包括设计趋势研究、用户研究和消费者调研、鞋履产品企划等)、创新设计研究 (包括概念设计、外观设计、CMF 设计等) 和增值服务设计研究 (包括配套包装设计、产品展示与终端设计、跨界品牌合作等)。

近年来完成百余册流行趋势报告；出版省部级规划教材 2 本，参与编写海派流行趋势专著 12 本；发表论文 10 余篇；获得发明及实用新型专利 30 项；指导学生参赛获 360 余项奖励；获得东华大学青年教师讲课竞赛一等奖，东华大学本科教学示范岗，东华大学青年五四奖章 (个人)，上海市五四青年奖章 (团队)，上海市青年教师讲课竞赛三等奖等 70 余项奖励及荣誉称号。

本书参与撰稿人员名单

俞英	杨洁
田玉晶	谢冰雁
孙建华	贺聪
석상원 / Sangwon Seok / 石上源 (韩国)	
袁海军	张艺涵
顾黄玲	葛娟

内容简介

　　《帽饰设计与表达》是一本关于帽饰设计方向的书籍，是《时尚产品设计》《鞋履设计与表达》等时尚产品设计系列丛书配套书籍之一。本书是一本完整呈现从设计图纸到作品实现全部过程的书籍，由企业设计师、大学教师及研究生们共同编写而成。

　　帽饰是服饰文化系统内容中的重要组成部分。服饰文化受社会人文经济、时尚潮流、艺术思潮、工业革命等社会发展的核心因素影响。随着时代的变迁，生活水平的提高，人们越来越重视个人形象的修饰，越来越多的人士了解了帽饰在个性化穿戴中的重要性，爱好帽饰搭配穿戴的人越来越多。

　　本书以帽饰设计研究与表现环节为主要内容，系统介绍了帽饰设计师或帽饰爱好者所需获取的相关知识及基本的设计流程和方法，包括帽饰设计基本知识、帽饰分类、人体头部结构、帽模、帽饰基本款式和帽饰的设计研究表现方法等，书本内容包括国内外帽子的发展简史、帽饰的基本款式及结构、帽饰的面辅料及装饰、帽饰的成型工艺、帽饰的样板等，并从帽饰功能、造型和色彩的角度总结了帽饰设计的技法要点，最后通过灵感收集与研究以及设计构思方法的深入探究，使得读者学会从趋势调研、草图表现、效果图绘制到帽饰系列设计方案的最终呈现。书稿综合了多位帽饰设计专家实践经验的同时，提供了每一个环节的大量设计案例要点分析及图片实例解析。本书不仅适合高等院校学生、学习设计的帽饰爱好者，对于有一定基础的帽饰设计师以及时尚设计行业人员也是一本较好的参考资料。

目录

第一章 帽饰发展简史

　　帽子的发展史可谓源远流长，其设计变化可谓千奇百怪。帽饰作为人类特有的劳动成果，既是物质文明的结晶，又具精神文明的特征。追求美是人的天性，衣冠于人，如金装在佛，其作用不仅在遮身暖体，更具有美化的功能。几乎是从帽饰产生的那天起，人们就已将其生活习俗、审美情趣、色彩爱好以及文化心态、宗教观念，都沉淀于帽饰设计之中，构筑成了帽饰文化精神文明内涵。

第一节 西方帽饰发展简史

帽子的发明，原本是用于御寒或遮阳，但随着人类文明的发展，帽饰成为了一种时尚潮流，更被视为身份的象征，特别是贵夫人们，对帽饰的追求与喜爱到了痴迷的程度。

01 中古世纪

帽子作为饰品早在远古时代就已经存在了，帽子不仅用于保护头部，同时也有了许多象征意义。在远古时代，人们还没有制作精美帽子的能力，便用布巾缠绕头部。其设计和现在的头巾类似，就是一块布；在发型的方面较随意装束，或披发或束发。来到中古世纪时，教庭更颁布法令，要人们将头发遮盖起来，于是开始出现许多简单朴拙的帽型，如图 1-1-1、图 1-1-2 所示。

02 17 世纪

发展到 17 世纪时，帽子有了更明显的阶级意义：公民戴暗色帽子，黄色帽子代表破产的人，囚犯带纸帽子，国王戴金皇冠（帽子）等；随着骑士服的发展，男帽逐渐演变为以高筒窄边帽的造型为主，女帽与男帽相似，装饰较多，如图 1-1-3、图 1-1-4 所示。

03 18 世纪

18 世纪的帽子极尽奢华，皇族除了爱高帽外，更是崇尚编发和假发（Big Hair Style），据说当时专业的编发工人，会依据业主需求先打造发梯，再沿着发梯一路编起来。编完后，才在上面设计适当的帽子和装饰。在那个时代，头发被认为是个人隐私，必须用帽饰遮盖起来。即使在家里，也要挽起端庄的发髻，而不能披下来。因此隐蔽长发最好的方法就是佩戴无限夸张的帽饰，如图 1-1-5 所示。宽松膨大、色彩艳丽又容易造型的羽毛就成了那个时代帽饰设计装饰的最佳选择之一。各种不同质地的羽毛被做成各种不同造型的帽子，配上盘发是那个时代常用的手法，是贵族女性追求时尚的风格之一。

男子多戴三角帽、双角帽，这种帽子起源于军中，后在宫廷中得到推广，进而风靡欧洲，成为军中和日常穿搭的一部分，如图 1-1-6 所示。

04 19 世纪

1840 年，人们的帽饰开始戏剧化式微起来。帽饰的大小和造型突然间开始变得内敛含蓄，这段时期，也是帽饰造型大变革的时期，直到现在，帽饰的外形都是着重于机能和机动性，只有英国贵族的年度赛马会这样极为重要的场合，才偶然出现一些比较夸张的帽型，如图 1-1-7、图 1-1-8 所示。

05 20 世纪

1917 年，钟形帽问世，这种帽檐挡住一只眼睛的设计，风靡一时，一直流行到了 1920 年，所谓的"时髦从眉毛开始"一说就是从这个时期开始的。这种帽檐的设计是由法国设计师卡罗琳·勒布发明的，如果哪个女人不舍得剪掉自己的长发，钟形帽可以把她的头发变成一个时尚的短发式，这是最为复古和优雅的款式。其甚至导致了波波头这种新发型的流行，因为这种发型搭配上钟形帽会让整个人看起来可爱而时髦又不失优雅。

20 世纪 30 年代是超现实主义时尚流行的年代，帽饰又和超现实主义纠缠到了一起，头巾式女帽、三角帽、Coupde—Vent 帽，甚至鞋子反扣在头顶的夸张设计，都成为当时的流行款式。由于女性化风格的重新回归，女装款式变长，线条更加柔和流畅，突出了胸、腰和臀部，帽子开始变小，不再压低到耳朵，而是很优雅地歪向一边。

第二次世界大战期间，由于物资匮乏，世人忙于战争或应付生活，这个时代的女性依旧被所处的年代所束缚，即使是贵族，也多选择端庄的盘发。在帽饰方面也不那么追求了，所以帽饰又开始返朴归真，钟形帽的知名度和影响力达到了顶峰。此后，无边帽、贝雷帽随着战后服饰的男性化改观而大肆流行。

第二次世界大战结束后，制造商终于迎来了发展的黄金时代。人们厌倦了战争、厌倦了制服与强壮如拳击手的女性形象，转而期待女性的优雅柔美形象。1947 年迪奥发布的"新风貌"（new look）给大家带来了惊喜，大檐礼帽及华美蓬松的裙摆让每一个饱受战火的女性回忆起和平年代的美好。斜戴的大檐礼帽成为女性新时尚。"新风貌"的出现使宽檐帽和平顶硬帽再度流行，制帽的材料也丰富了起来。然而因为实用功能的逐渐衰退，帽饰很快成为在正式场合或有实际需要时才使用的饰物，其过去拥有的霸权地位一去不返，只有少数像英国女王和王妃这样的皇室家族才一直对帽饰情有独钟。

帽饰的困境一直持续到杰奎恩·肯尼迪才有所缓解，当这位美国历史上最具魅力的第一夫人戴着无边的平顶小桶形帽出现在公共场合时，女人认识到，是到了给帽饰更新换代的时候了。同时也是在当时新一代时尚先锋加布里埃·香奈儿和保罗·波烈的引领下，简约主义风尚开始席卷欧洲，人们受此影响开始追求简约大方的形象。随后，时尚界出现了一种蜂窝发型，为了不破坏头发的造型，设计师巧妙地设计出了一种廓形似筒形的帽子，并取名 Pillbox。这种筒形帽子设计非常精妙，能够和头发巧妙融合，不用经常摘，更不会弄乱发型，非常优雅大方，这种筒形无檐帽便成为 20 世纪 50 年代时尚的宠儿。

西方帽饰发展到今天，已经成为人们服装搭配、表达个性的必需品。造型独特的帽饰更是受到艺人的热烈追捧。很多帽饰设计师崭露头角，不仅有像菲利普·崔西这样赫赫有名的帽饰艺术家，更有许多新锐帽饰设计师在时尚圈的舞台大放异彩。

图 1-1-1
中古世纪
用条纹布做成的女式无檐帽

图 1-1-2
中古世纪
用花布做成的男式头巾

图 1-1-3
17 世纪
用珠宝、羽毛装饰的男式高筒窄边帽

图 1-1-4
17 世纪
用珠宝、羽毛装饰的女式高筒窄边帽

图 1-1-5
用多根铁丝圈和棉花作支撑和填充料，用黑色丝绸缝制而成的夸大造型的罩帽

图 1-1-6
18 世纪的双角帽

图 1-1-7
19 世纪
男士高顶大礼帽

图 1-1-8
19 世纪
用花叶简单装饰的女帽

第二节 中国帽饰发展简史

中国人戴帽子的历史久远，普遍认为帽子是由"巾"演变而来，在人们的使用过程演变中巾从颈部转移到了头部，以用来防风沙，避严寒，免日晒，由此渐渐演变成了帽子。总而言之，帽子的设计发展都是基于人类认识自然、征服自然、改造自然的过程，从某种意义上讲，气候、环境、宗教信仰、风土人情、制度等自然和社会条件的影响，都在客观上推动了帽子的设计发展。

01 奴隶社会时期的帽饰

在中国据说是华夏始祖黄帝首先发明了帽子。早期帽子只是在统治阶层普遍使用，其作用不是为了防热御寒，而是它的装饰和标识作用，象征着统治者的权力和尊贵地位。这时的帽饰应该叫"冠"和"冕"，只有帝王和文武大臣可以佩戴，标示其地位和权力的大小，形成了一种官僚秩序，就是中国古代冠冕制度。

02 春秋战国时期的帽饰

春秋战国时期，像孔子和孟子这样的大学者也只能用"帕头"裹头，而且教育学生要树立"轩冕之志"。轩是车子，冕是帽子，就是当官走仕途，可见当时坐车子和佩戴冠冕是官员独有的特权。一般平民老百姓只可以用"巾"把头发束起来，穷人只有披头散发或者用麻绳把头发束起来。帽饰作为统治者地位和权力的标示和象征，虽经历朝历代的转变，其样式的设计发生了很大的变化，但是权力和地位的象征标识意义反而变得更细化、更加精确，如图 1-2-1 所示。

03 隋唐时期的帽饰

隋唐时期的社会风气逐渐开放，特别是盛唐时期，帽饰的特殊象征性逐渐淡化，但是仍作为一种地位的象征逐渐流向民间，如图 1-2-2 所示。一般的读书人和有钱商人及其子弟可以佩戴帽饰，但是仍有区别，有规定的设计和样式，有典型的书生帽和商人帽。此外，在古代一般女人是不佩戴帽子的，

女子十五岁便束发戴笄，用"巾帼"在后面挽头发或者把头发包扎定型。但是古代佩戴帽饰的女人有两种：一是皇后贵妃和公主之类的贵族妇女，有戴"凤冠""花冠"之类的特权，还有一些有官位的侍女也戴帽子，也是权力和地位的象征。唐朝曾在上层贵族妇女中流行过从西域石国传过来经过改进设计的帽饰——帷帽，四周有纱缦围绕，用来防沙遮脸，防止陌生男性偷看自己。

04 宋朝时期的帽饰

宋朝的通天冠服，是天子的重要礼服，通天冠也叫卷云冠，有二十四梁，外用青色，里面用朱红色，冠前加金帛山及用金或玳瑁做成蝉形为饰。幞头是宋朝人广泛应用的首服，此时已经发展成硬脚，并且有许多样式，初朝两脚平直的较短，中期以后的两脚伸展加长，仆从、公差或身份低下的乐人，多用交脚或曲脚。宋代幞头已完全脱离了巾帕的形式，纯粹成了一种帽子。

05 元朝时期的帽饰

元朝时期北方游牧民族的帽饰逐渐流行至中原，使得帽饰的种类更加丰富，不论男女，皆戴冠帽，蒙古男子则"冬帽而夏笠"。元朝不仅冠帽种类繁多，且帽顶和帽缨多用各种珠宝装饰，其中元朝皇帝戴的帽饰就是珍贵的皮毛做的，上面镶有珍珠。贵族妇女会戴着一顶高高长长看起来很奇怪的帽子，这种帽子叫做"罟罟冠"。

06 明清时期的帽饰

　　明朝建立后,对整顿和恢复礼仪非常重视,又恢复了汉人的"冠冕"制度。到了清朝入主中原以后,帽饰又开始流行起来,上至皇帝,下至贫民都可以佩戴帽饰。清代男子的官帽,有礼帽、便帽之别。礼帽俗称"大帽子",其制有二式:一为冬天所戴,名为暖帽;一为夏天所戴,名为凉帽。这种情况一直延续到清朝末年,如图1-2-3、图1-2-4所示。

　　西方帽饰文化的传入使帽饰在中国开始普遍流行起来,上至官僚商人,下至车夫乞丐都开始佩戴帽饰。例如在影视剧中可以看到出席宴会头戴高贵礼帽的绅士以及头戴毡帽拉黄包车的车夫,甚至用帽子讨钱的乞丐。中国女人普遍佩戴帽饰的传统也是从清末开始的。帽饰普及后,它的实用价值开始起作用,各种凉帽、挡风帽起初也可以说是地位的象征,后来便是彻底的装饰功能和实用价值。

　　从中国帽饰的设计和演变来看,完全体现的是男权社会权力和地位,以及这种情况的发展和逐渐瓦解的历史过程。在中国现代社会,帽饰可以说在向历史的"反方向"发展,成了一种装饰品和防晒御寒的工具。佩戴一顶新颖个性的帽饰成为时尚女性追求美的体现。反而男性很少戴帽饰,最多是戴休闲帽。然而帽饰在一些特殊行业和狭小领域仍旧是一种象征和标识,甚至是权力的象征,比如军帽和警帽、医生护士戴的白帽子、学位帽、宗教人士带的帽子等,而安全头盔则是专业护头用的。

图 1-2-2
唐朝时期头戴黑幞头的执马球杆男侍图
(陕西历史博物馆)

图 1-2-3
清朝时期的瓜皮小帽
(帽仕汇 帽饰博物馆)

图 1-2-1
春秋战国时期学者戴的"帕头"

图 1-2-4
清末民初的虎头帽
(帽仕汇 帽饰博物馆)

第二章 帽饰设计基础

　　设计是有目的的创新行为,要创新帽饰,首先需要了解帽饰的基本款式分类、帽饰的构造组成、基本材料和成型方法。而帽饰是戴在头部的装饰品,了解人体头部的尺寸结构,掌握帽饰尺寸的头部测量方法是设计师进行帽饰设计的第一步。只有做好帽饰头部尺寸测量,才能进行更加深入的设计。

第一节 帽饰的基本款式分类

由于现有的帽饰有许多不同的造型、用途以及制作方法。因此分类的方法也多种多样，根据不同的分类方法，帽饰的名称也不同。

01 按用途进行分类

① 工作帽：工作帽是为工作人员在工作时保护头部、提高工作效率而存在的，也存在职业识别功能和一定的整体着装搭配效果。例如交警在工作时需戴警帽，警帽除安全功能外，更主要的是识别功能。又如建筑工人在工作时戴的安全帽完全是为了保护头部，以防止高空落物伤害到头部。还有消防员、医护人员、潜水员等工作时所佩戴的都是工作帽。

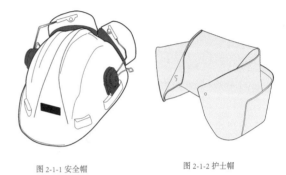

图 2-1-1 安全帽　　　　　图 2-1-2 护士帽

图 2-1-1 为伐木工安全帽，这种较硬挺的帽子多数是用硬质塑料注塑而成。该帽子是在普通的安全帽上增设了耳罩，可有效降低噪音，保护劳动者的听力。这是专业性的帽子设计。

图 2-1-2 为护士帽，又称"燕尾帽"。这种帽子除具有职业识别功能外也具有固定头发、保持卫生的作用。护士帽也有不同的颜色和款式，用于区分护士的资历、职位等，例如内科、外科的护士帽子统一为白色，儿科的护士帽子统一为粉色，急诊科、门诊科的护士帽子是绿色的，手术室和 ICU 的护士帽子是蓝色等，以便前来看病的患者辨认医护人员的身份。

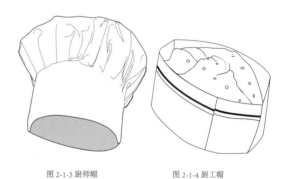

图 2-1-3 厨师帽　　　　　图 2-1-4 厨工帽

图 2-1-3 和图 2-1-4 为厨师帽、厨工帽，是具有识别功能的帽子，也有固定头发、保持卫生的作用。经验越丰富、级别越高的厨师，厨师帽的高度就越高。可分为厨师长帽、厨师帽、厨工帽等。

图 2-1-5 和图 2-1-6 为警帽，警察执勤时佩戴的帽子，具有识别功能。这类帽子常见的有男民警大檐帽、女民警卷檐帽、男交警大檐帽、女交警卷檐帽、作训帽、栽绒帽、贝雷帽等。

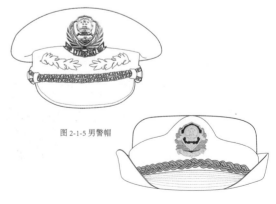

图 2-1-5 男警帽

图 2-1-6 女警帽

② 运动帽：在运动时，为了保护头部所佩戴的帽子。游泳时佩戴游泳帽、射击时佩戴射击帽、骑马时佩戴骑马帽、登山时佩戴登山帽等。

图 2-1-7 为骑马帽，是骑马时人们为保护头部所佩戴的帽子。

图 2-1-8 和图 2-1-9 为游泳帽，多数都是由橡胶制成，弹性好，紧贴头部。但目前市场上也有用针织面料制作而成的，其具有成本低、不勒头部、造型多样、花色丰富的特征。游泳帽起到防止耳震和保护头部的作用，同时还有减少池水对头发的损伤、减少游泳时的阻力的作用。

图 2-1-8 橡胶游泳帽　　　　图 2-1-9 针织面料游泳帽

③ 休闲帽：是日常生活中使用最多的帽子，一般休闲娱乐、外出游玩时为了防暑、防风、防寒以及与服装时尚搭配时所佩戴较多的帽子。面对不同场合、环境、天气有不同的选择，如遮阳帽、鸭舌帽、贝雷帽、雷锋帽等。

图 2-1-10 和图 2-1-11 为风雪帽，是一种保暖性能特好的男士佩戴较多的冬帽。帽墙成三翻式，把帽墙翻下，耳朵、后脑、脖子等都可罩住，也有北方部队使用这种防寒功能较好的帽子。

图 2-1-10 无帽檐风雪帽　　　　图 2-1-11 有帽檐风雪帽

图 2-1-12 和图 2-1-13 为鸭舌帽，最初是猎人打猎时戴的帽子，因此又称狩猎帽。鸭舌帽有平檐和弯檐，平顶和圆顶。由于造型简练、色彩丰富，现多见于日常穿着搭配，是年轻人搭配休闲服装最常用的单品，也能起到遮阳的作用。

图 2-1-14 和图 2-1-15 为遮阳帽，其帽檐宽大且向下倾斜，遮阳范围广，在夏日深受人们的喜爱。可折叠且色彩、材质丰富，是出行携带比较方便的帽子，也是男女老少皆宜的帽子。

图 2-1-12 圆顶鸭舌帽　　　　图 2-1-13 平顶鸭舌帽

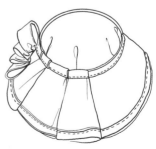

图 2-1-7 骑马帽　　　　图 2-1-14 休闲遮阳帽　　　　图 2-1-15 女士遮阳帽

02 按制作工艺进行分类

布帽：大多数休闲帽都属于布帽。如钓鱼帽、遮阳帽、头巾帽，还有一些文化型的贝雷帽也常用布帛制成。这类帽子柔软舒适、不怕变形、便于携带，适合休闲、运动时佩戴，如图 2-1-16 所示。

毛毡帽：毛毡帽的材料一般以羊呢绒和兔呢绒为主。质地细腻柔软，适宜冬季佩戴。钟型帽、贝雷帽及男女礼帽多用此材料，如图 2-1-17 所示。

图 2-1-16 布帽

毛皮帽：毛皮帽一般由动物的皮毛制成。常用于帽饰的天然皮毛有狐皮、牛皮、羊皮、鹿皮、貂皮、熊皮、兔皮等，它柔软富有弹性，保暖性极好，历史上曾有很长一段时期很多国家使用毛皮帽，如图 2-1-18 所示。但由于现在反对滥捕滥杀以及皮帽造价高、保养难，所以戴毛皮帽的人越来越少。

图 2-1-17 毛毡帽

草帽：草帽一般是用麦秸、竹篾、水草或棕绳等物编织的帽子，常用的草料有拉菲草、金丝草、琅琊草、咸草、空心草等。草帽比较凉爽，故又名为"凉帽"。过去草帽是农民农作时为防晒所戴的，现在经过设计和搭配，也能制作时尚的造型，如图 2-1-19 所示。

毛线帽：即针织帽，帽子材料为毛线，针织而成。帽子的厚薄程度由毛线的股数及针法、花型决定。保暖性好，适宜秋冬季节佩戴，如图 2-1-20 所示。

图 2-1-18 毛皮帽

塑料帽：一些特殊场合、职业所需的帽子。如建筑工地的安全帽，骑摩托车时戴的防风安全帽，各类球场上用的安全帽，这类帽子大部分使用塑料制成，由工业化大批量式模具压制而成，主要作用是缓冲震动、分散压力，如图 2-1-21 所示。

图 2-1-19 草帽

图 2-1-20 毛线帽

图 2-1-21 塑料帽

03 按款式进行分类

图 2-1-22 鸭舌帽

鸭舌帽：是帽子前面有帽檐的帽式的统称，包括大盖帽、狩猎帽、棒球帽等。鸭舌帽有平檐也有弯檐，因其帽檐造型扁平似鸭舌，故被称为鸭舌帽。此帽饰具有极强的实用性，深得学生以及运动人士的喜爱，如图 2-1-22 所示。

钟型帽：帽身较深且帽檐下倾，似钟型。古希腊罗马时期曾一度流行过，大多由毛呢、毛毡制成。20 世纪 20 年代后，钟型帽再度流行至今，其用料除了毛毡，还会采用棉麻。用毛毡制作的钟型帽显得优雅，如在帽腰上缀以一定的饰品，即可与礼服相配。用棉麻制作的钟型帽则显休闲，如图 2-1-23 所示。

图 2-1-23 钟型帽

全翻帽：帽檐全部沿帽墙向上翻卷。帽型用语源自水兵，故亦称水兵帽。常用于少年儿童，若改变材质、色彩和戴法，亦可用于极时髦的女性，如图 2-1-24 所示。

前翻帽：源自于法国布尔冬地区一种男女农人通用的便帽，也叫布尔冬帽。帽檐前半部向上翻卷。此帽式造型线条明快柔和，有女性独特的优雅感，适合不同年龄的女士佩戴，如图 2-1-25 所示。

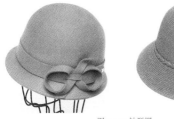

图 2-1-24 全翻帽

后翻帽：源自于奥地利蒂洛尔地区的一种男帽，后成为整个奥地利男女都爱用的一种帽式，亦称蒂洛尔帽。其特征是后帽檐向上翻卷，呈现一种硬朗沉着的阳刚之美，适于与运动装搭配，常用于登山、钓鱼等运动场合，如图 2-1-26 所示。

双翻帽：源自于美国西南部、加拿大等地牧童戴的宽檐帽，亦称牛仔帽。左右两侧向上翻卷，帽顶向内凹。通常用麦秸秆或毛毡制成。为了便于在马上戴用，帽圈两侧系有绳带，如图 2-1-27 所示。

图 2-1-25 前翻帽

图 2-1-26 后翻帽

图 2-1-27 双翻帽

罐罐帽:法国人称此帽是赛艇选手戴的帽子。意大利威尼斯人划船时也佩戴这种帽子。罐罐帽帽身较浅,帽墙垂直于帽檐,帽身似一罐形置于帽檐之上。多用麦杆材料编织而成,为防潮常在表面涂上浆料以使帽体坚硬不易损坏,如图2-1-28所示。

图 2-1-28 罐罐帽

宽檐帽:以遮阳、装饰为目的,其帽檐宽大,适宜装饰浪漫的人造花和其它饰品。有些国家的皇室女眷出游,以及现代一些欧洲国家的赛马会上,大都使用宽檐帽。在地处赤道的阿根廷、墨西哥等国家,由于气候炎热,骄阳似火,故喜用宽檐帽作凉帽,如图 2-1-29 所示。

图 2-1-29 宽檐帽

圆顶小礼帽:亦称高山帽。用较硬的毛毡制成。在美国常被称为"赛马帽"。因酷爱并倡导赛马运动的伯爵达比伯曾喜爱此帽式而得名。与平顶大礼帽相比,前者配正装,圆顶礼帽则更加随意。通常为黑色,夏季为灰色,男女皆可使用,如图2-1-30所示。

图 2-1-30 圆顶小礼帽

贝雷帽:帽顶呈圆形,帽身大于帽边,无帽檐。源自于西班牙、法国边境的巴斯克山区。通常用棉布、呢绒材料做成,故柔软并有较好的随意性。由于戴法不同,可以搭配多种不同类型的服装式样。若在此帽的基础上略做变化,添加鸭舌,即可变为大盖帽、狩猎帽、新四军帽等帽式,如图2-1-31所示。

图 2-1-31 贝雷帽

圆盒帽:帽身平而浅,帽围小于头围,并呈圆形或蛋卵形,无帽檐。因形状如药盒而得名。圆盒帽诞生于20世纪50年代,常用作礼仪场合,也与新娘的白色婚纱装和夜礼服等配饰成套,偶尔也与女性职业装搭配,有时前倾于额头,能体现一种浓浓的女性妩媚风情,如图2-1-32所示。与此帽帽形接近的还有船帽等。

图 2-1-32 圆盒帽

头巾帽:头巾帽常采用本色面料与女士的时尚服饰搭配,经过时尚化的演变处理,能塑造出从粗犷到雅致等多种女性化的不同美感,如图2-1-33所示。

图 2-1-33 头巾帽

豆蔻帽：源自于土耳其人的花钵帽，亦称土耳其帽。无檐帽式之一。圆筒状帽顶平坦，帽墙与边基本垂直。常见有两种戴法，一为帽身后倾，可使戴帽者显得年轻、有朝气；二为帽身水平，给人以安静稳定之感。受世界时装流行风潮的影响，此帽原有的民族风情已转化为强烈的时尚色彩，而广为社交场合采用，如图 2-1-34 所示。与此帽类似的还有阿拉伯圆帽、中国僧侣帽等。

图 2-1-34 豆蔻帽

半帽：亦可称之为发饰品。既有高贵华丽的，也有简洁朴素的。前者可与礼服相配，后者则用之于便装。窄者称之为发箍，宽者称之为半帽。可采用塑料、钢片，加上装饰材料做成，如图 2-1-35 所示。

图 2-1-35 半帽

斗笠：斗笠是一种帽顶较尖，帽底宽的倒锥形帽，帽内附有带状支撑物或由竹料编制而成的环形帽座，使帽子不与头部直接接触。此帽通常采用竹料或天然草等编制而成，具有结实耐用、透风性好等特点，是中国及东南亚部分国家农民常用的一种便帽，如图 2-1-36 所示。

图 2-1-36 斗笠

平顶大礼帽：亦称平顶帽、夜礼帽等。帽身较深，帽顶平，帽檐较窄，两侧略微向上翻卷。此种帽式最初源于欧洲上流社会男子礼帽，为了便于观看表演时不遮挡后座视线，可以折叠。18世纪末期，欧洲人将其用海狸皮制成。19世纪初期，改为使用绒毛较长的绢织物，并由此被称之为丝绒礼帽，此帽式也常用于赛马运动。与正装搭配时为黑色，非正式时则用灰色或黄褐色，如图 2-1-37 所示。

图 2-1-37 平顶大礼帽

罩帽：深深罩住头部两侧并覆盖于头顶后脑部的帽式的统称。耳下两侧帽边有绳带，通常采用软质材料制成。绝大部分为无檐式，有的是仅前面有帽檐的半檐式。台湾辞书上称为鸡笼帽。上海人曾称呼为"波奈"。19世纪，此种帽式曾风靡全欧洲女性，从贵妇到平民，从老妪到幼童，不分材料，勿论季节，其使用率达到了极限，如图 2-1-38 所示。随着时代的变迁，至20世纪初期，此种帽式便悄然隐退了，只有婴儿帽还沿用此款帽式。

图 2-1-38 罩帽

第二节 帽饰的构造和组成

帽饰的构造和组成是进行帽饰设计的基础，了解帽子的结构有利于设计师设计出漂亮新颖而又实用的帽饰。人体的头部结构、尺寸是帽饰设计的依据，除了美观，一顶与佩戴者头部贴合的帽饰才是设计良好的帽饰。

01 帽饰的结构

在设计之前先要了解帽子的结构组成和各部分的名称。帽子的基本型大体可分为两类——平顶型与圆顶型，如图 2-2-1、图 2-2-2 所示。

帽冠：是指帽檐以上的部分，可以是一片结构或
　　　多片结构组成。

帽顶：指帽冠最上面的部分，通常为圆形或椭圆形。

帽墙：是指帽檐与帽顶之间的部分，帽墙的接线处
　　　通常在帽子的后中线处。

帽檐：是指帽冠以下的部分，帽檐与帽墙一般形成
　　　一定的角度。帽檐有大有小，形状有可能是
　　　平的，也有可能是向上卷或向下垂。

帽口条：是指缝于帽冠内口的织带，用于固定帽里
　　　　并紧箍头部。

帽圈：是指帽冠外围的装饰丝带，通常沿帽冠与帽
　　　檐交界线围绕帽冠装饰。

帽顶　　　　　　帽墙

帽檐　　　　　　帽腰

帽边　　　　　　帽圈

图 2-2-1 平顶型帽子

02 帽饰的采寸方法

帽子是戴在头顶上的，所以人体头部结构是帽子结构设计的基本依据，帽子的基本型尺寸来源于头型尺寸，人体头部结构图如图 2-2-3 所示。

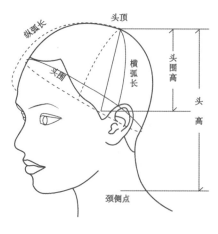

图 2-2-3 人体头部结构

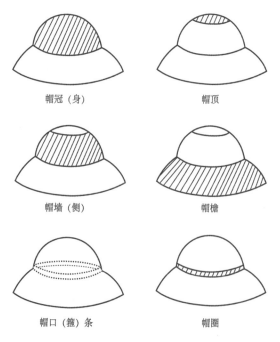

帽冠（身）　　　　帽顶

帽墙（侧）　　　　帽檐

帽口（箍）条　　　帽圈

图 2-2-2 圆顶型帽子

帽围：从前额发根部量起，通过头部隆起点以下 2cm 处绕头围一周，再加放 1~2cm，即为帽围，简称 HS，如图 2-2-4 所示。

帽高：从双耳根起，通过头顶的间距为帽高，简称 RL，如图 2-2-5 所示。

量帽尺：是检测帽子是否合格的必备工具，如图 2-2-6 所示。帽尺的外圈是由光亮而富有弹性的不锈钢材料做成的，因而使用后能自动恢复原状。大帽尺的量程为 49~62cm（适用于成人帽测量），小帽尺的量程为 42~52cm（适用于儿童帽测量），加大帽尺的量程 55~68cm。量帽尺的使用方法如图 2-2-7 所示。

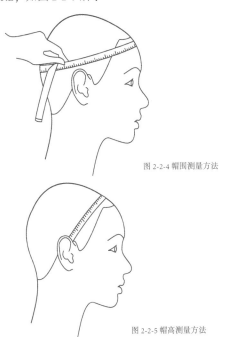

图 2-2-4 帽围测量方法

图 2-2-5 帽高测量方法

图 2-2-6 量帽尺

图 2-2-7 量帽尺的使用方法

女性、男性和儿童不同头围分别对应不同的帽高尺寸标准，由于儿童处于发育阶段，头围尺寸不断变化，故儿童帽饰的标准尺寸较多，如表 2-2-1 所示。

表 2-2-1 女性、男性和儿童的帽饰标准尺寸（单位：cm）

女性

	S	M	L
HS（头围）	56	57~58	59
RL（帽高）	29	30	31

男性

	S	M	L	XL
HS（头围）	57	58	59	60
RL（帽高）	30	30	31	32

儿童

	0-1 岁	1-2 岁	3-4 岁	5-6 岁	7-8 岁	9-12 岁	13 岁以上
HS（头围）	42~44	48~51	52~52	53~54	54~55	55~56	56~57
RL（帽高）	26	27	28	29	29.5	30	30

03 帽饰样版

在了解了帽饰的组成后，即可制作帽饰样版。现代帽饰工业生产中的样版，起着模具、图样和型版的作用，是排料、画样、裁剪和产品缝制过程中的技术依据，也是检验产品规格质量的直接衡量标准。样版是以结构制图为基础制作出来的，称为打制样版，简称制版。样版分为净样版和毛样版。

直接从结构图上复制出来的结构图称作净样版；通过对净样的轮廓线条加放缝头、折边、放头等缝制工艺所需要的量而画制出来的，称为毛样版。以运动帽、礼帽和钟型帽为例的帽饰样版如图 2-2-8~ 图 2-2-10 所示。

（1）运动帽样版

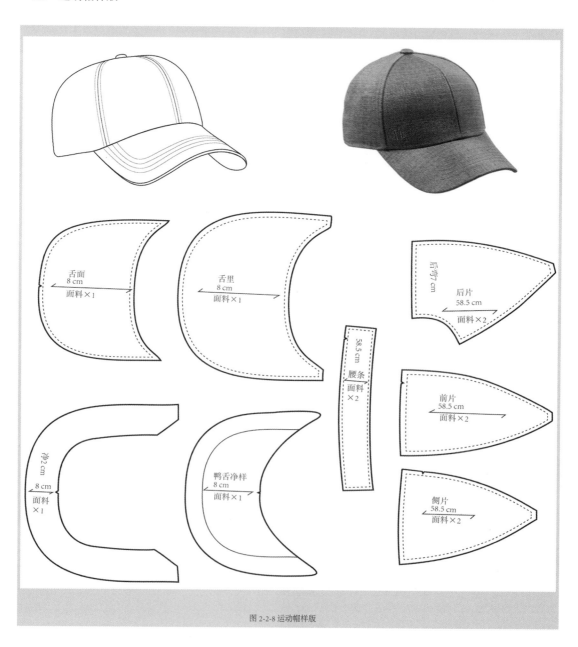

图 2-2-8 运动帽样版

（2）礼帽样版

图 2-2-9 礼帽样版

（3）钟型帽样版

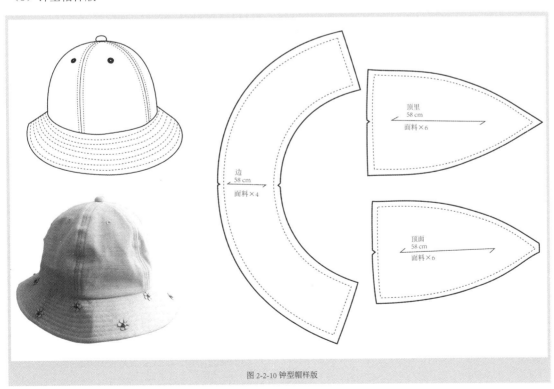

图 2-2-10 钟型帽样版

第三节 帽饰的材料

材料是制作帽饰的物质基础，即使是同一造型的帽饰，运用不同的材料制作也会呈现出不同的风格特点，所以材料的选择也是进行帽饰设计的关键用于制作帽饰的材料可以分为主料、辅料以及装饰类材料。

01 主料

主料指制作帽子的基本材料，不同帽子的制作材料不同，常见的材料有皮革、毛毡、织物、织带、塑胶、草、麻等，大部分为服装的通用材料，也有属于帽子的专用材料。

（1）草类材料

天然草主要有拉菲草、琅琊草、咸草、蔺草、麦秆、稻草绳、麻辫绳、空心草、托奎拉、金丝草等材料。另外，近几年也有使用合成纸作为草帽类材料出现在市场，种类较为丰富。也有其它少量使用化纤的编织绳材料仿制草编效果的帽饰产品，如图 2-3-1、图 2-3-2 所示。

图 2-3-1 天然草

图 2-3-2 草编

（2）毛毡类材料

毛毡材料是高级帽饰材料之一，一般多用于礼帽，后来毛毡也用于钟型帽、圆盒帽、贝雷帽等造型的帽子之中。毛毡基本都是使用天然羊毛、兔毛、牛毛、羊绒、兔绒、牛绒加工而成的毛毡材料。但近几年也有少量的混纺掺插些其他的黏纤或化纤材料充当毛毡材料，如图 2-3-3 所示。

图 2-3-3 毛毡

（3）梭织面料

梭织面料是织机以投梭的形式，将纱线通过经、纬向的交错而组成，其面料表面组织肌理一般有平纹、斜纹和缎纹三大类，我们通常所见的有毛料、布料、灯芯绒、绒布、提花面料、麻料、聚酯纤维、锦纶、涤纶等，如图 2-3-4 所示。这类面料是近几年在帽饰产品制作中使用最广泛的材料之一，例如用于贝雷帽、鸭舌帽、盆帽、太阳帽的设计制作中，也有用于礼帽的设计制作中。

图 2-3-4 梭织面料

（4）麻面料

麻是从各种麻类植物中取得的纤维，包括一年生或多年生草本双子叶植物皮层的韧皮纤维和单子叶植物的叶纤维。因为麻具有良好的吸湿散湿与透气的功能，传热导热快、凉爽挺括且质地轻，手感舒适，所以颇受各个阶层消费者的喜爱。麻的品种很多，常用于帽饰的原料有苎麻、亚麻、剑麻、蕉麻等。剑麻和蕉麻多用于制作头饰底盘和装饰品，如图2-3-5所示。

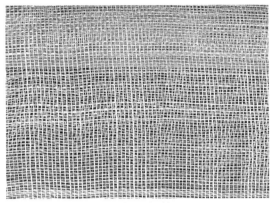

图 2-3-5 麻面料

（5）皮革面料

皮革，分为天然皮革和人造皮革，天然皮革是指动物皮毛经过化学处理后，成为具有一定柔韧性及透气性，且不容易腐烂的革皮，也称皮革。皮革在服装中使用较多，帽饰中皮革一般用于寒冷地区的防寒帽子较多，但近几年也用于装饰及镶嵌使用。在不同材料的帽饰上也丰富起来，主要有羊皮、牛皮、马皮以及鹿皮。鹿皮以绒面革的肌理面料为多。

在帽饰品中北方人使用貂毛皮、水獭毛皮、狐狸毛皮、羔羊毛皮、绵羊毛皮、狗毛皮、兔毛皮等制作帽子较多。另外，人造革由于透气性较差，用于制作冬帽较多，或者使用在局部、装饰或者镶嵌于帽饰上，如图2-3-6所示。

图 2-3-6 皮革

（6）针织面料

针织面料是利用织针将纱线相互串套而形成的织物。针织面料与梭织面料的不同之处在于纱线在织物中的形态不同。针织分为纬编和经编。目前，针织面料广泛应用于服装、帽饰等产品的面料及里料中。在帽饰产品中，有普通针织帽和定型针织帽。普通针织帽有手工针织、机器针织及两者结合的针织帽饰产品。针织面料材质同样也非常丰富，有毛料、棉材料、丝绸材料、麻材料以及各种化纤材料。近几年针织帽由于收纳比较方便，存储空间需求小，深受广大消费者的喜爱，图2-3-7所示为制作针织面料的毛线。

图 2-3-7 毛线

02 辅料

帽子的辅助材料指的是做帽饰用的里料、帽带等布料。虽然是辅料，但也是帽饰制作中不可或缺的材料。辅料不仅具有美化外观的作用，还有很多实用功能。

（1）里料

里料的概念来源于服装，服装里料就是通常所说的服装里子（夹里料），它是辅料的一大类。里料在帽饰中是除了面料以外用料最多的一种辅料，里料通常是梭织物，也有少量的用其它材料做里料，如图2-3-8所示。里料的作用主要有以下几点：

- 美化作用。里料可以遮挡帽饰面料反面的缝线以及线头，起到美化作用。
- 对帽饰主料有保护、清洁作用，提高耐穿性。里料可以保护帽饰面料的反面不被沾污，减少对其的磨损，能防止面料（反面）因摩擦而起毛，并延长帽饰的使用时间。

- 增加保暖性能。里料也是由布料制成的，在一定程度上可以加厚帽饰，提高帽饰对人体的保暖、御寒作用。
- 使帽饰顺滑且穿脱方便。由于里料大都柔软、平整、光滑，从而使帽饰穿戴柔顺舒适且易于穿脱。
- 定型作用。里料给予帽饰附加的支持力，减少帽饰的变形和起皱，使帽饰更加挺括平整，达到最佳设计造型效果。

（2）织带

织带是以各种纱线为原料制成的狭幅状织物或管状织物。织带品种繁多，广泛运用于服装、鞋材、箱包、工业等各个领域。在帽饰中，常用的织带材质有棉、涤纶跟尼龙三种。织带的结构有多种多样，有平纹、斜纹、缎纹、提花、双层、多层、管状和联合组织，如图 2-3-9 所示。

织带作为帽子常用的辅件之一，经常用于各种帽子的汗带、腰条、帽边等地方，而且经过巧妙设计也可以做成帽子及饰花类。

图 2-3-9 织带

图 2-3-8 里料

① 腰条

腰条分为两类：第一类是连接帽舌、帽边和帽顶的部位，如贝雷帽、军帽、盆帽等帽型；第二类是缝制在帽子腰部的条状装饰，如礼帽上的腰条、草帽上的雪纺装饰条等。腰条可以千变万化，主要具有实用性和装饰性，实用性是帽子不可或缺的特点，装饰性可以增加帽子的美感，不同的装饰可以变换出风格各异的款式，如图 2-3-10 所示。

图 2-3-10 腰条

② 装饰

织带的利用，丰富了帽子的装饰设计，帽子运用织带变化设计风格是常见的一种表现手法。织带不仅色彩变化丰富，造型变化也具多样性，它可以产生主体和空间感的形态，起到非常丰富而特别的装饰效果。除了通过造型设计，也可以通过不同色彩的搭配起到装饰的效果，如图 2-3-11 所示。

图 2-3-11 装饰

③ 汗带

帽子的汗带是指缠绕于帽冠内部，帽顶里的一圈带子，是帽子佩戴起来后接触头皮的位置，如图 2-3-12 所示。

汗带具有为使用者排汗或是吸汗的功能，还有保护头皮，减少帽子内部和头皮的摩擦，增加佩戴舒适感的作用。汗带主要材料有棉质面料、弹力松紧、织带、毛巾布等。

图 2-3-12 帽子内侧的汗带

（3）抽绳

抽绳是各种服装、包、帽子等产品中运用的一种绳子，可调整大小、宽窄，是时尚产品中的一种设计元素。抽绳品种多种多样，分为圆绳（如空心绳、弹力绳、包芯绳等）、扁带（如弯曲带、三色扁带、间色扁带等）、字母带（一边为平边一边有圆骨的织带）等，还有因材质的不同分为棉绳、皮绳、其他纤维的绳带，如图 2-3-13 所示。抽绳用于帽饰有调节帽围大小、固定帽饰、防风以及装饰等作用。

图 2-3-13 抽绳

03 装饰类材料

帽子常见的装饰材料有各种软硬面料，包括各种装饰肌理的纱料、丝带、羽毛、人造花、水晶等，还有一些金属、塑料做成的各种装饰扣、装饰带等。

（1）纱面料

纱面料品种较为丰富。珍珠纱，其特点发亮、呈现七彩色，感觉轻柔飘逸，适合制作婚纱；塔夫绸身轻而滑溜，适合夏秋季制作服装，也可以作帽饰的花朵等装饰物；头巾纱，又叫网格纱，一般都是头纱的主要用料，适合做帽饰的装饰物及面纱；冰纱，网格比较密，反光均匀，硬度适中，多用来作为罩纱覆盖在主面料上，较适宜用作帽子的装饰物；欧根纱，比较轻盈飘逸，非常薄而透明，手感稍微硬挺，进口欧根纱多用于较高档次的婚纱制作；雪纺（乔其纱），面料轻盈，飘逸，具有丝的柔性及轻薄特性，触感柔软，较适合做服装的外层，帽子用的较少，偶尔有用于飘带等装饰，如图 2-3-14 所示。

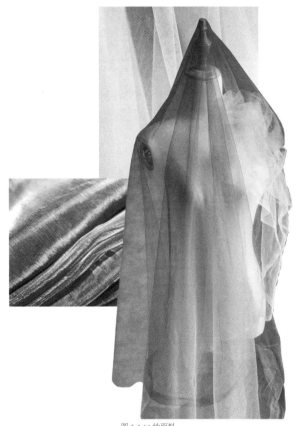

图 2-3-14 纱面料

(2) 羽毛

　　羽毛是禽类身体表面所长的毛。帽饰设计师对不同种类、形态的羽毛经过处理和设计用到了帽饰的搭配和装饰中，起到了较好的装饰作用。常用的羽毛有鸵鸟毛、孔雀毛、火鸡毛、野鸡毛、公鸡毛，少数也有极乐鸟毛、白鹭毛等，如图2-3-15~图2-3-17所示。

图2-3-15 孔雀羽毛

图2-3-16 野鸡羽毛

图2-3-17 羽毛头饰

(3) 仿真花

　　仿真花通常用绷绢、皱纸、涤纶、塑料等材料制成，也有用鲜花烘成的干花，以及通过保鲜工艺处理的保鲜花（改变鲜花内部组织结构及成分），如图2-3-18所示。仿真花用于帽饰时，多会根据帽饰的样式、风格、色彩来选择制花的材质，搭配不同的帽饰，如图2-3-19所示。

图2-3-18 仿真花

(4) 珠宝

　　人们一般用珠宝装饰帽来体现身份的尊贵。珠宝可大致分为天然珠宝玉石、人工宝石、贵金属等，在现代帽饰中的珠宝大多是以人工宝石为主的材质，也有用水晶、珍珠、点钻等材质做装饰，如图2-3-20~图2-3-22所示。

图2-3-20 珍珠

图2-3-21 水晶

图2-3-22 珠宝装饰的头饰

图2-3-19 仿真花装饰的头饰

(5) 金属扣

　　金属扣在帽饰中也是常用的装饰配件，其中有日形皮带扣、O 形扣、D 字扣、半圆形扣、磁扣、子母扣等常用形式，但随着技术的发展，也涌现出大量异型金属扣，金属扣运用于帽饰中多用于装饰，如图 2-3-23 所示。

图 2-3-23 五角星扣

(6) 铆钉

　　铆钉有普通铆钉、空心铆钉、开口铆钉等不同形式，根据形状也有蘑菇钉、尖钉、方钉等不同的造型。在帽饰上，铆钉多运用在休闲帽、运动帽上，如图 2-3-24 所示。

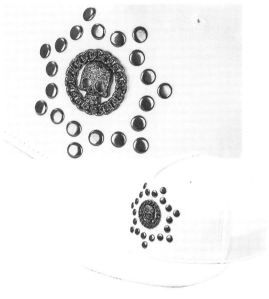

图 2-3-24 铆钉

(7) 徽章

　　近几年徽章运用在帽饰中的应用也逐渐丰富了起来，通常装饰在帽子上的徽章有绣花徽章、金属徽章、木制徽章、塑胶徽章等。绣花徽章是最为常见的，有通过电脑软件绘制出想要的图片，然后通过绣花机器在布料上刺绣出图案的机绣徽章，也有手工制作的手绣徽章，如图 2-3-25、图 2-3-26 所示。

图 2-3-25 绣花徽章

图 2-3-26 绣花徽章装饰的帽子

第四节 帽饰的成型工艺

　　帽子的成型主要有四种形式：模压法、裁剪法、编结法和塑型法。通过这些方法制成的帽饰被称为模压类帽饰、裁剪类帽饰、编结类帽饰和塑型类帽饰。

　　塑型法适用于材料为塑料、橡胶的帽子的成型，属于工业产品类，帽饰工厂不制作此类帽子，本章主要介绍模压法、裁剪法及编结法三种工艺。

01 模压法

　　模压法适用于需要借助模具，通过高温定型的帽饰，我们称这类模具为帽模。帽模不仅是一些帽子成型加工的必要工具，也可以用于帽子的整烫和固型。

　　帽模分为木质帽模和金属帽模。

（1）木质帽模

　　多用于手工制作帽饰，木质帽模是根据常规帽型制作而成，其功用主要体现在以下两个方面：

　　a. 用编织带和帽坯材料加工制作帽子模型。

　　b. 用布料、革料等材料制作的帽子成型后作为整烫的模具用。

　　木质帽模大致有以下几种样式（帽身、帽檐分开）帽身：有尖顶型、圆顶型、圆角型、大圆角型、平顶型、扁平顶型以及贝雷拼合型，如图 2-4-1 所示。

　　帽檐：有小倾型、中倾型、大倾型、平檐式等，如图 2-4-2 所示。

　　部分木质帽模的图例，见图 2-4-3 所示。

图 2-4-1 木质帽身

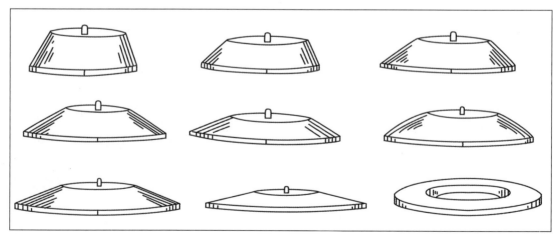

图 2-4-2 木质帽檐

图 2-4-3 木质帽模照片

（2）金属帽模

　　多用于半机械化的批量生产，每个金属帽模都有阴模和阳模。金属帽模在使用时需要用专业的机器将其加热到一定温度，然后对材料进行压制定型。机械的高温定型速度快，产量高，黏合度好，这是手工做不到的，如图 2-4-4 所示。

图 2-4-4 金属帽模定型

金属帽模制作首先是利用蜡等材料雕刻出模型，然后利用该模型翻制石膏模具，再利用翻制的石膏模具浇注金属模具，最后进行必要的表面处理，如图2-4-5所示。其中模具制作用的石膏是熟石膏，质细，呈黄色，凝固较慢，易于塑形和细加工。

模具造型遵循的原则：

a、分为上模具、下模具（阴阳模）；

b、上下模具的卡扣设计可以适应不同高度但同一帽型的帽饰的熨烫；

c、下模具的形状一般为由下至上渐缩，呈阶梯状的圆柱体；

d、下模具一般在结构上可分为整体帽模、两截帽模和开盖帽模，介绍如下。

图 2-4-5 金属模具

· 整体帽模

具有完整的模体，常用于浅口帽和上小下大帽型的帽饰生产中，这种结构在脱模中不会造成帽型损坏，使用起来非常方便，如图2-4-6所示。

图 2-4-6 整体帽模

· 两截帽模

帽身模具的模体被剖成前后两个部分，前半部分为帽模前身，后半部分为帽模后身。模具的前后身由两组插孔连接，用来固定前后身，相互咬住，避免帽模错位，同时方便脱模，如图2-4-7所示。

图 2-4-7 两截帽模

· 开盖帽模

模体在帽檐到帽身段被分为上下两个部分，上面为帽盖。这种结构在脱模时可先将帽盖脱出，然后再取出帽体，避免或减少了撕裂口，更容易保持帽子的造型，减少损坏，因而在制帽生产中被广为使用。

模压法制帽步骤

　　模压法一般适用于毛毡帽的制作，因毛毡类材料在常温下无法定型，需经高温处理。模压法制帽的主要步骤有：裁剪布料、高温烫型、冷却、修边、加装饰物等。

　　工厂制作一款毛毡帽的流程如图 2-4-8~ 图 2-4-16 所示。

图 2-4-8 步骤一

① 选择布料，将布料裁剪成合适的大小。

图 2-4-9 步骤二

② 打开机器预热，等机器达到烫制所需温度。

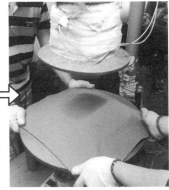

图 2-4-10 步骤三

③ 等机器达到烫制所需温度后开始烫制，将金属模具上部分压下，等待烫型完成。

图 2-4-11 步骤四

④ 烫型时需两人拉扯住布料四角，将布绷紧，避免在烫制时起褶皱。

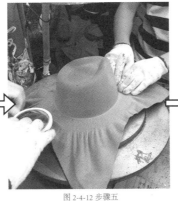

图 2-4-12 步骤五

⑤ 烫制完成，此款毛毡帽的帽檐与帽身分开制作，在腰条处贴上胶带，便于后期裁剪与缝制。

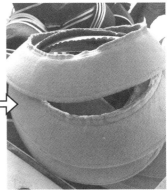

图 2-4-13 步骤六

⑥ 将烫好的帽身多余的面料减掉，制作帽檐。

图 2-4-14 步骤七

⑦ 将帽身与帽檐缝合在一起。

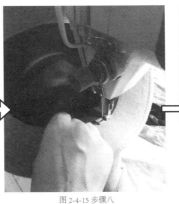

图 2-4-15 步骤八

⑧ 缝上汗带。

图 2-4-16 步骤九

⑨ 粘贴腰条，注意胶不要溢出，影响美观。

02 裁剪法

　　裁剪法是制帽方法中最为普遍的一种方法。裁剪法适用于需用针线缝制的布帽的制作，一般的制作步骤为：打版、按照帽版裁剪布料、缝纫、加装饰物。有的布帽在制作完成后也需要高温定型，如棒球帽、礼帽等。

　　裁剪法制作鸭舌帽的流程如图 2-4-17～ 图 2-4-25 所示。

图 2-4-17 步骤一

① 制作帽版，此款鸭舌帽的帽版主要分为三大部分，帽身的版，鸭舌檐的版，以及松紧条的版。

图 2-4-18 步骤二

② 将纸版排列在选好的布料上，这一步是为了尽量减少面料的损耗，节约成本。

图 2-4-19 步骤三

③ 将面料裁成小块，熨烫平整，便于裁剪缝制。

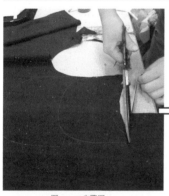

图 2-4-20 步骤四

④ 根据帽版裁剪布料，若帽版是根据帽子的净尺寸制作的，那么在裁布时需向外放约 1cm 宽的料。

图 2-4-21 步骤五

⑤ 工厂里打样时也会用机器裁剪布料，这种情况下要注意机器使用规范。

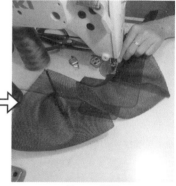

图 2-4-22 步骤六

⑥ 裁剪好布料后，进行缝制。

图 2-4-23 步骤七

⑦ 制作帽顶的纽扣，称为顶钮，起到固定帽片的作用，也具有美观性。

图 2-4-24 步骤八

⑧ 帽子制作完成。

图 2-4-25 步骤九

⑨ 用金属模高温定型帽身，使帽型挺括。

03 编结法

编结法适用于草帽、机器加工的毛线帽等。编结的材料有经过处理的绳线、柳条、竹篾、麦秸、麻、草等材料。近几年也有用纸绳材料编织而成的"草帽"。另外也出现了不少新型的复合材料用于"编结法"的帽子设计之中。

编结法的方式有很多，有整体编结、部分编结、密集编结、镂空编结、双层及多层编结等方法。编结后可加上装饰的花边、珠片、羽毛等。最常见、最传统的编结法为草帽编结法、毛线编结法。

草帽编结方法有：正反结、单结、双结、绕格铜元眼。不同的编结方法编出的草帽纹理不同。手编草帽的过程如图 2-4-26 所示。

图 2-4-26 手编草帽的编制过程

毛线帽的制作方法也属于编结法，毛线编结法与我们传统织毛衣的方法类似。毛线编结法有手工编结法和机械编结法，也有两者结合编结的帽饰产品，不同的编结方法能够编出不同的花纹效果。

机械编结法类似羊毛衫、线袜的编结法，有圆筒编、裁片型编，一般根据帽饰设计的结构来编结，目前企业多数是采用电脑横机来编织，以便降低成本，如图 2-4-27 所示。

手工针织帽历史优久，这也是传统的织法。手工编织的就是用二根或者是四根竹针或是不锈钢铝合金做成的一尺来长的细针，用针织成帽子。

图 2-4-27 机器编织毛线帽

148.

第三章 帽饰设计

　　帽饰的设计是对帽饰更加深入的思考，是了解帽饰基本知识后，开始的实施设计。从功能、色彩、造型等各方面实现帽饰设计的构思是设计中应重点考虑的要点，在设计时可有所侧重，相互联系。要从帽饰整体上把握设计的规律和要点，顾大局又不忽视细节，强调局部又不脱离整体，使帽饰的设计更为得体、完美，并富有创造性。

第一节 帽饰设计要点

帽饰是戴在头部的服饰品，头被称之为"诸阳之汇"，帽饰能起到保护头部的作用。因此，一款设计良好的帽饰，在对帽子造型、色彩和材料进行设计之时，同时要考虑到实用功能、流行时尚和社会风情等方面的因素。

01 功能的设计

(1) 帽饰的防护功能

①保暖防寒

医学研究发现，静止状态不戴帽子的人，从头部散失的热量占人体总热量：在环境气温为15℃时占30%，在环境气温为4℃时占60%。如果头部受寒，就会造成脑血管收缩，轻则会感到头昏、头痛，严重的还可能诱发一些疾病。由此可见，在寒冷的冬天，头部和人体的其它部位一样，也需要保暖防寒，如图3-1-1所示。

②防尘防污染

在污染越来越严重的时代，肉眼看不到的微生物可能会导致头皮滋生细菌，甚而引起毛囊感染，直接影响头发的生存环境和生长质量。戴一顶舒适时尚的帽子，无异于给头发穿了一件既美观又具有保护功能的外衣，有效阻挡了灰尘和微生物的侵袭。

③防晒防辐射

过度照射紫外线会对皮肤以及头发造成损伤，戴一顶合适的帽子可有效遮挡紫外线对头部的伤害。经实验证明，一顶款式和材质合适的帽子，能够减少面部紫外线辐射量的90%以上。由于白布对热辐射线的反射能力最大，吸收辐射线最少，是制作夏天遮阳凉帽的理想材料。

④保护防御

佩戴一顶帽子在头上，遇到轻微的碰擦和撞击时，可以起到缓冲阻隔的作用。特别是反应相对迟钝的老人，身体状况也较年轻人脆弱，所以通过帽子给予头部适当的防护是很有必要的。

(2) 帽饰的装饰功能

帽饰的装饰性是人类爱美心理和社会文明进步的本质需要，随着人类社会的进步与经济的发展，人们的装扮已从强调帽饰的实用性和功能性上发展到突出帽饰的装饰性和艺术性上。从质地、色彩和款式造型等多方面来展现帽饰的美感，体现佩戴者的个性、审美情趣，特别是流行款式的帽饰，在满足功能性和装饰性的前提下，具有一定的艺术性和引导性。此外一些特定场合更需要具有装饰功能的帽饰，比如高级手工帽饰或礼帽，可作为正式社交场合佩戴的饰品。在手工帽饰的设计中，还融合了形象设计的形式美法则，以强化帽饰的美，因此，它的装饰性是占主导地位的，实用性是居第二位的。（参见第五章图例）

(3) 帽饰的象征功能

一般认为，帽饰是在人类发展到一定阶段才出现的。帽饰的出现可看作人类文明进步的标志。反过来，文明的进步又影响了帽饰，使帽饰脱离了它原有的物质性，而具有了象征意义。其中最明显的就是帽饰可以作为阶层、地位、权力等象征。帽饰作为服饰的一种，在中国古代的一段时期就是国家法令和礼仪制度中的重要组成部分。严格的冠冕制度，不仅规定了百官的冠冕等级差别，同时也对民间各行业人员和平民的帽饰有了严格规定。到了现代，帽子具备了更多的行业识别功能，例如各种工作帽、标识帽、民族帽、演艺帽和装饰帽等，如图3-1-2所示。

图 3-1-1 防护性帽子——保暖防寒

图 3-1-2 象征性帽子——船长帽

02 色彩的设计

帽饰的色彩设计与其他产品色彩的表现有所不同，通常和设计师的个人品味相关，因此较少有固定的规则，但是有一些色彩搭配是应该尽量避免的。红色和黑色用在一起时看上去有些保守；大量使用三原色会显得俗气而且廉价，通常要搭配比它们更加柔和的色彩；当帽饰与某些肤色并置时，一些色彩会达不到应有的效果，如米色和其他"肉色"色调会使皮肤看上去发暗或发红。帽饰的色彩设计不同于服装的色彩设计，她不仅要依据流行趋势的色彩进行设计，同时也要考虑与服装搭配的效果。

（1）搭配性色彩设计

帽子是服装的配饰，一般帽饰的色彩主要考虑与服装的搭配，帽与衣的配色讲究整体性和协调性。美与不美虽依赖于设计师的修养、消费者的审美水准等因素，但也有其设计的规律和共性可言。所以纯色的帽饰更易受到大众的喜爱。例如黑色的帽饰属于百搭款，不管是穿什么颜色、什么风格的衣服，都可与之搭配；白色、灰色的帽饰在日常生活中也很常见，因为它们能够搭配很多不同风格的服装，如图 3-1-3 所示。

一般衣帽的配色有以下几种：

①同类色相配——指衣帽以相同或相近的色相、明度或纯度的色彩搭配，在视觉上容易形成统一谐调的感觉，但也易产生单调感。

②同花色相配——指帽子的颜色选择与衣服花色中某一面积较大、色感较好的颜色相配，整体感强，风格较活泼。

③花帽配素衣——服装的色彩淡雅、素静，帽子的色彩也应采用同样的风格。帽子可选择与衣服同色调的小碎花、条格纹来制作，显得素雅中带有青春的朝气。

④色彩的强对比——这类搭配最好选择较为强烈的服装特点，以服装中某一对比色作为帽子的颜色。

⑤色彩的弱对比——突出柔和效果，虽是对比色，但色彩的明度、纯度反差不大，类似粉色效果，强调了女性的柔和感。

本书对帽饰色彩的设计仅做简单的介绍，详细学习色彩搭配请参阅《色彩配色原理》。

图 3-1-3 纯色帽子

（2）趋势性色彩设计

当需要对帽饰进行一系列的色彩搭配时，也可以根据流行趋势来进行色彩的设计，在帽饰的局部采用流行色，增加色彩感。

色彩和面料一样，常常也会受到流行趋势和季节需要的支配。每一季都会有一些特定的时尚色彩被重点推出，流行预测者通过分析T台发布会、街拍以及纵观当季最流行的色彩，来预测未来一段时期会流行的色彩。设计师可以根据流行趋势的色彩搭配来进行帽饰的色彩设计，以春季、秋季为主题色彩的帽饰设计如图3-1-4，图3-1-5所示。

也有经典色经得起时间的考验，常年运用到帽饰的色彩设计中，如黑色，因为它使人看上去更苗条精致，而且极易和其他色彩搭配，因此具有经久不衰的流行性。

图3-1-4 以"秋"为主题色彩的帽饰设计

图3-1-5 以"春"为主题色彩的帽饰设计

03 帽型的设计

帽子是戴在头部的，所以人体头部结构是帽子结构设计的基本依据，进行帽饰设计首先要了解人体头部的结构，了解帽饰是如何佩戴在头顶上，只有充分掌握了这些信息，才能设计出佩戴舒适，实用性、美观性俱佳的帽饰。

（1）了解头部结构

人体头部的形状是个近似圆球形，因此可理解为帽子也是可以佩戴在头部的圆形物体，圆形为帽的基本形态，如图 3-1-6 所示。①为戴帽子时头部正视图，帽子前部一般戴于眉毛上方，发际线下方。②为戴帽子时头部的侧视图，帽子不是垂直戴于头部，而是有一定的倾斜角度，前高后低，帽檐压在耳朵上方。③、④为戴帽子时头部的俯视图，帽子的中心点偏头部后侧。

（2）帽子的变化部位

帽子的形状变化，是在帽子戴于头部的"有效"范围内进行的变化，即帽盖的设计变化、帽身的设计变化及帽檐的设计变化，当然也包括装饰设计。帽子不同部位可以进行变化设计的示例如图 3-1-7 所示。

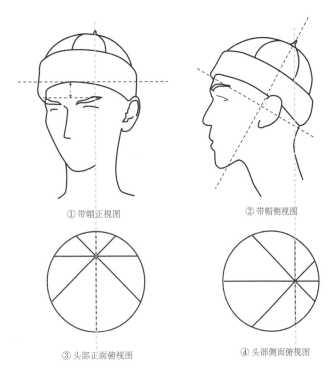

①带帽正视图　　　　　　②带帽侧视图

③头部正面俯视图　　　　④头部侧面俯视图

图 3-1-6 帽子戴于头部位置示意图

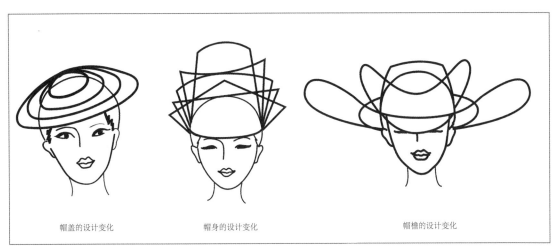

帽盖的设计变化　　　　帽身的设计变化　　　　　帽檐的设计变化

图 3-1-7 帽子不同部位变化示例

第二节 裁剪类帽饰设计

裁剪法是制帽中最为普遍的方法，裁剪类帽饰也最常见。制作时裁剪类帽饰时，需要将面料裁剪成一定的形状，配上里料、辅料缝制而成。在设计此类帽饰时，首先要了解帽饰基本型的尺寸来源和变化规律，然后在基本型上加以创造。

帽型的设计变化大致分为帽盖和帽檐两大部分。

01 裁剪类帽饰帽盖设计

整个帽型需要设计的款式部件分为四个：帽身、帽顶、帽墙和帽檐。

其中帽顶的造型种类很多，常见的有圆形、椭圆形、三角形及水滴形并配以分割线进行变换。圆形和椭圆形帽顶常用于军帽、渔夫帽、罐罐帽等，三角形和水滴形帽顶常用于爵士帽、牛仔帽等。帽顶的围度等于帽墙上口围线的长度，因此帽顶的大小可以根据帽墙造型的变化而变化。

帽顶从形态上可分为平顶型和圆顶型。基本造型及各部位名称：

平顶型：帽顶、帽墙、帽条、帽檐；
圆顶型：帽片、帽条、帽檐。

（1）平顶型帽饰

平顶型帽饰的帽顶与帽墙属于两个部分。为了方便大家能够快速地理解帽子的结构，我们首先可以将帽子看作是一个没有底的正方体，如图3-2-1所示。当顶面为正方形时，其形态与展开图如图3-2-1中①所示。当顶面的正方形被切割的边数越多，其顶面的形态越偏向圆形，如3-2-1中②所示。

A. 帽顶设计

以头围（标准58cm）为周长作圆，实际中人体头部略呈椭圆，即横向直径比纵向直径稍短些，约差0.5～0.7cm，但设计时也可不作调整画成正圆，如图3-2-2所示。

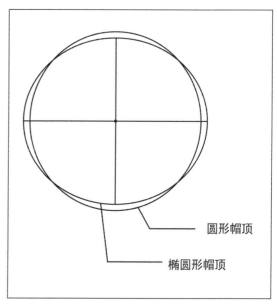

圆形帽顶

椭圆形帽顶

图 3-2-2 帽顶基本形态

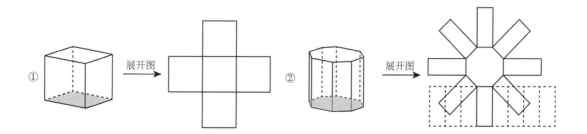

① 展开图 ② 展开图

图 3-2-1 帽墙解析

B. 帽墙设计

帽墙的变化可分为三种，分别为垂直型、外倾型和内倾型，如图 3-2-3 所示。辅以伸长、缩短、分割以及前后高度不一等变化，这三种帽墙的结构图如图 3-2-4 所示。

①垂直型帽墙常用于罐罐帽、军帽；
②外倾型帽墙常用于渔夫帽、宽檐帽；
③内倾型帽墙常用于礼帽，贝雷帽。

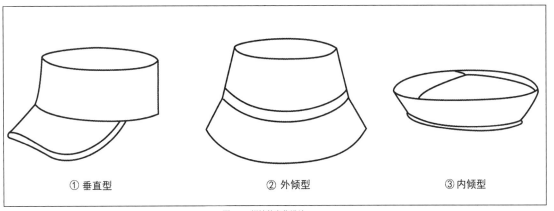

① 垂直型　　　　　② 外倾型　　　　　③ 内倾型

图 3-2-3 帽墙的变化设计

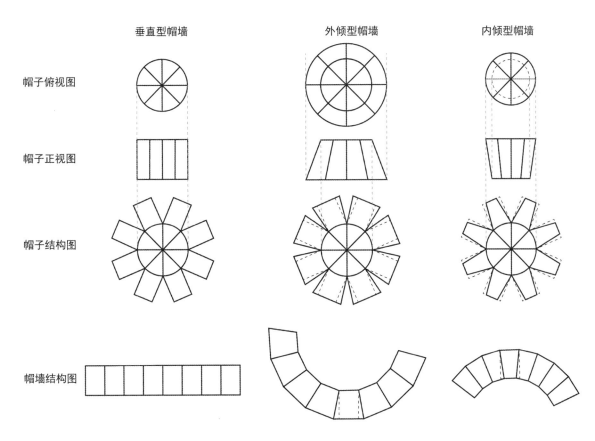

图 3-2-4 帽墙的基本设计原理

对应图 3-2-5 所示的帽墙结构变化：

其中虚线为帽口围线；

垂直型的帽墙结构是一个正常的矩形；

外倾型帽墙的结构图在竖直型帽墙的基础上，在下口围线处切展加量，使纸样呈向上弯曲的状态；

内倾型帽墙与其相反，在竖直型帽墙的基础上，在下口围线处切展收省量，使纸样呈向下弯曲状态。

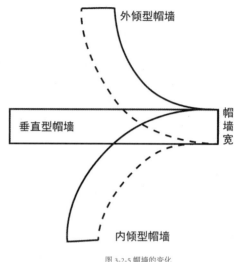

图 3-2-5 帽墙的变化

例如

贝雷帽——传统的贝雷帽上面略大于下面，帽身不高，在传统的基础上可以有几种设计变化，如图 3-2-6 所示。

a. 上下一样大

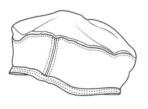

b. 加长帽身

c. 上大下小

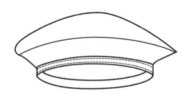

d. 帽檐变化

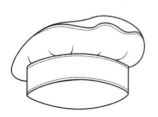

图 3-2-6 贝雷帽的设计变化

（2）圆顶型帽饰

A. 帽身设计

帽身等同于帽顶和帽墙的拼合，将帽身沿中心纵向分割，每一片称为帽片（瓣）。通常将帽片分为 5 片、6 片、8 片和 10 片，如图 3-2-7 所示。

帽顶越圆，每一片帽片的棱角越小，以 8 片帽子为例，如图 3-2-8 所示。

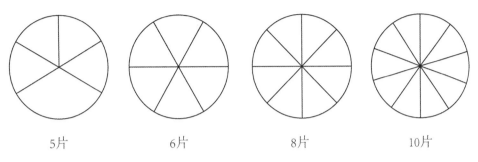

| 5片 | 6片 | 8片 | 10片 |

图 3-2-7 常见的帽片片数

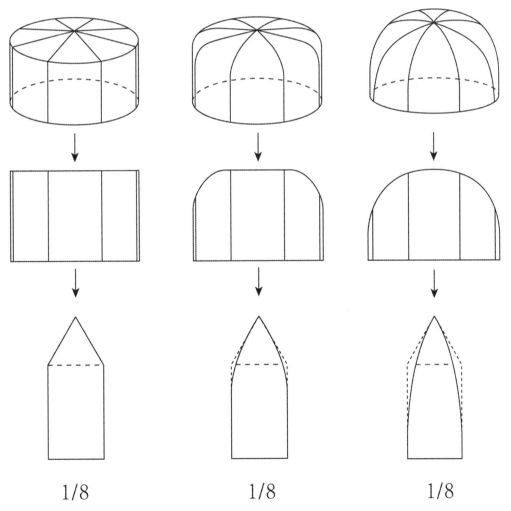

图 3-2-8 方顶到圆顶的变化

B: 帽片设计

帽片多为一个等腰三角形，以头围（标准是58cm）除以片数为三角形底边（例如六片帽，底边为 58 ÷ 6=9.67cm）。以头围高为三角形腰长，然后在三角形底边及腰边中部各加凸量，绘画轮廓线，如图 3-2-9 所示。

对应图 3-2-10 的帽片结构分析

变化的参数主要有三个，片数、帽片顶角角度以及 AA' 相对于 HH' 的位置和长度。

- 当帽片顶角角度总和等于 360°时，顶部呈平面形态；若帽片顶角角度总和小于 360°时则会出现尖顶的形态；若帽片顶角角度总和大于 360°时则会出现多余的量，呈不平整的状态，波浪状态（荷叶边状态）。

- 当 AA' = HH' 时，AA' 和 HH' 的距离越远，帽片形成的造型越趋于垂直，即方形；当 AA' 和 HH' 的距离越近（BB' 小于 AA' 尺寸），帽子的造型越趋向于圆形（如图中①和②）。

在日本帽文化原型中，AA' 距 HH' 的距离等于 4cm，在个性化设计时，该值可根据需求进行调整。当 AA' 大于 HH' 时，帽口呈向内收敛的形态（如图中③）。当 AA' 小于 HH' 时，帽口呈向外翻的喇叭形状（如图中④）。参考图 3-2-8 方顶到圆顶变化图例。

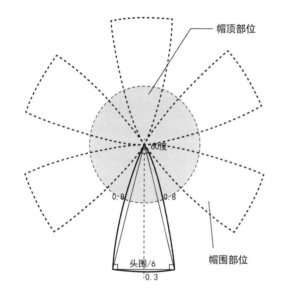

图 3-2-9 六片帽帽片画法

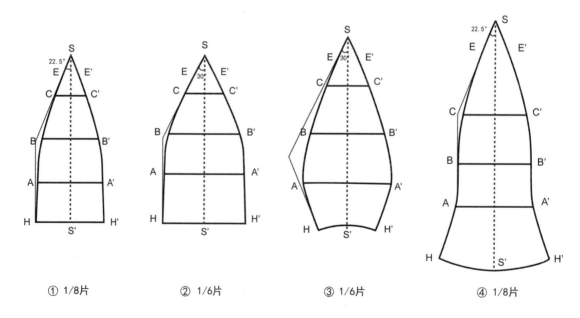

① 1/8片　　　② 1/6片　　　③ 1/6片　　　④ 1/8片

图 3-2-10 不同帽型帽片画法

以瓜皮帽的帽片为例

瓜皮帽起源于明初，当时更广泛的名称是"六合一统帽"，简称"六合帽"，含有"天下一统"的政治寓意。发展至今瓜皮帽通常有四片、五片、六片、八片、十二片等，分割片形似切开的瓜瓣，故又被称为瓜皮帽。

瓜皮帽变化的依据是头围和头弧长，而帽片的变化主要为片数的变化，其次是细节变化，如图3-2-11所示。

①四片：造型较圆

②六片：形态较为方正

③十片：帽型呈向外倾的姿势

④八片：与前三款不同之处在于帽片顶角拼好后大于360°，帽顶呈不平整的形态

⑤八片：帽片较长且每片帽片上小下大，相当于帽片与帽檐的结合。

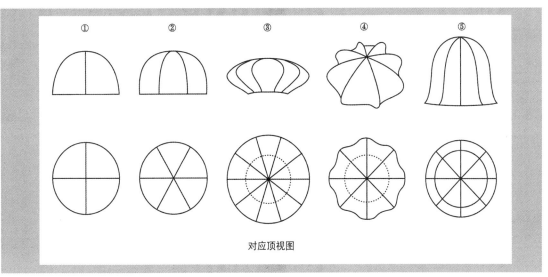

图 3-2-11 不同片数瓜皮帽的造型

02 裁剪类帽饰帽檐设计

裁剪类帽饰的帽檐可以根据形状和款式分为运动帽檐和全檐。鸭舌帽的帽檐就是运动帽檐，渔夫帽的帽檐属于全檐。

（1）运动帽檐

运动帽檐也称为帽眉，帽眉由眉芯和包在眉芯外的布料组成。眉芯现在基本都是使用 PE（高密度聚乙烯）塑料板，分为弓形和平形两种。

帽檐的长度标准是 7.5cm 长（取帽舌最短处量），宽 18.5cm，长度加长的 8~12cm 的都有。

帽眉一般有两种，一种是单色帽眉，另一种称为三明治帽眉。单色帽眉顾名思义就是只有一种颜色的布料包住 PE 板的帽眉，三明治帽眉是指在帽眉的侧边有三种颜色布料分层车在一起的帽眉（相对而言此种帽眉的制作难度较高）。一般每个种类的帽子都有固定款式的 PE 板，方便统一制作，但也可以根据特殊要求进行开刀模制作。

另外在制作时，为了定位，避免在使用过程中 PE 板（眉芯）与帽眉的布料错位，在帽眉的上端会车上 4 条车缝线（通常是车 4 条，也可以跟据具体的要求增加或是减少），这样做既实用又美观。

注意：在选择 PE 板时一定要选择与布料颜色最接近的 PE 板，以避免在车线时，PE 板上的颜色跟在布料表面会很明显，影响整体质量。（例如：一般白色布料的帽子用白色的 PE 板，黑色布料的帽子用黑色 PE 板。）

(2) 全檐

全檐帽已有很长的历史了。最初骑兵为了干活方便，使用了这种比较矮的、轻便的帽子。随着形势的发展变化，全檐帽成了夏日流行的防晒帽，爱美的女士们非常害怕紫外线对皮肤的伤害，因此帽饰的设计者也投其所好，开发出这种有实际功效的全檐帽型，具体功能有遮阳、防晒、防辐射等。

全檐的设计变化主要包括倾斜、加宽、缩短、分割、褶皱以及外轮廓造型线的变化等，主要从两方面来考虑：

• 帽檐的宽窄倾斜
• 帽檐的无规则变化

帽檐的宽窄倾斜变化是较传统的变化方式，可以根据其倾斜角度不同分为水平帽檐和倾斜型帽檐，如图 3-2-12 所示。在现代，帽檐的无规则变化形式很多，远远超过传统帽子的造型式样。

在水平帽檐的基础上收省即可以得到倾斜的帽檐，收的省量越大，倾斜角度越大，如图 3-2-13、图 3-2-14 所示。

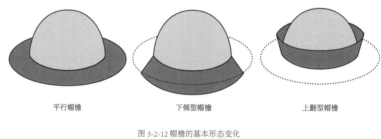

平行帽檐　　　　　下倾型帽檐　　　　　上翻型帽檐

图 3-2-12 帽檐的基本形态变化

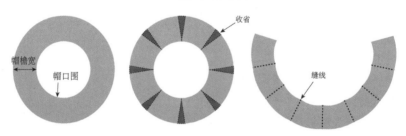

收省

帽檐宽　　帽口围　　　　　　　　　　　缝线

图 3-2-13 帽檐收省越多，倾斜角度越大

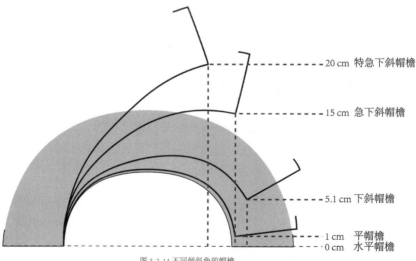

20 cm 特急下斜帽檐

15 cm 急下斜帽檐

5.1 cm 下斜帽檐

1 cm 平帽檐
0 cm 水平帽檐

图 3-2-14 不同倾斜角的帽檐

03 以裁剪类太阳帽的设计为例

裁剪类太阳帽的帽顶通常有六片型和全顶型两种。帽檐为平型或下翻型，缝合比较特殊，材料采用棉布或薄卡其布均可。太阳帽按照帽型可分为运动帽、空顶帽、窄边帽和宽边帽。

帽饰发展至今日，越来越多创新设计被运用在帽饰中，有部分偏功能性设计的太阳帽会直接由帽舌和帽身所构成，帽舌为双层或双层以上，上层帽舌可附着在下层遮阳帽舌上，在帽舌后方具有直立的圆弧面，圆弧面上具有呈水平面的帽顶。根据需要，在两层帽舌之间可填入一层隔热层，在帽顶水平面上，设有安装附加物的插置孔，当采用空心帽身时，帽夹上留有安装附加物的扣孔。

（1）运动帽

运动帽是只在帽子前额部位外层有帽檐的帽子统称。帽檐平形的是棒球帽，帽檐弓形的是鸭舌帽，如图 3-2-15、图 3-2-16 所示。鸭舌帽的造型丰富，可分为圆顶鸭舌帽、平顶鸭舌帽、贝雷鸭舌帽等。色彩上以纯色为主，有的会配上印花图案或刺绣等装饰，符合年轻人的审美需求。

运动帽的基本结构：帽眉＋帽身＋透气孔＋顶组＋调节带＋防汗条，如图 3-2-17 所示。

帽身一般由六片组成，LOGO 一般是刺绣或是印刷在帽子的前面的那两块片料上，透气孔是打在每个片料的上端，透气孔通常分为鸡眼扣透

气孔及刺绣透气孔，顶组是放在六片片料的最顶端结合的位置，其所起到的作用，其一是固定六片片料在结合后不易松开，其二是美观。补强一般是用白色的粘合衬（此布料比较硬），主要作用是使帽子前面正中央的两块片料不会软塌，也有增强整个帽饰美观性的作用。

图 3-2-15 棒球帽

图 3-2-16 鸭舌帽

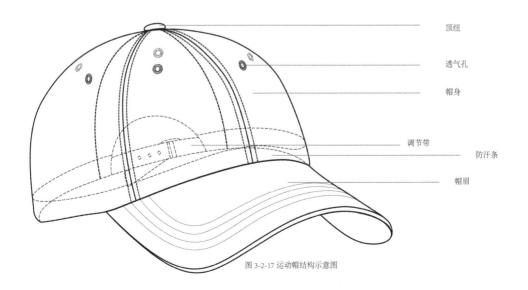

顶组

透气孔

帽身

调节带

防汗条

帽眉

图 3-2-17 运动帽结构示意图

帽身裁片的结构设计

不同于普通四片、六片、八片帽的切割方法，可以在普通帽片的基础上进行再次切割，也可以设计其他裁片方法，还可以是整片的布料，通过褶皱进行装饰，如图 3-2-18 所示。

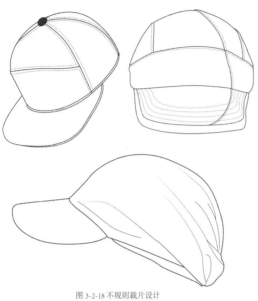

图 3-2-18 不规则裁片设计

帽身造型设计

一般运动帽帽身造型的设计会在基础的帽型上增加一些额外的装饰，例如增加一对耳朵的装饰，会给人可爱、调皮的感觉，如图 3-2-19 所示。

图 3-2-19 添加耳朵造型的鸭舌帽

帽身材质设计

使用创新的材料也是帽饰设计的一部分，例如用 PVC 代替传统的布类面料制作帽子，同样能给人焕然一新的感觉，运用创新材料设计的帽饰如图 3-2-20~ 图 3-2-23 所示。

图 3-2-20 PVC 透明材质的帽子

图 3-2-21 软木纸材质的帽子

图 3-2-22 菱格 PVC 材质的帽子

图 3-2-23 带防雨涂层面料的帽子

帽舌造型设计

帽舌造型可以千变万化，也可以加入未来科技感的造型元素、仿鸭嘴的造型设计或者增加一些趣味性元素，如图 3-2-24 所示。

调节带设计

当帽身比较简单，又想要帽子有细节可看的时候，帽子的调节带也可以进行设计，如图 3-2-26 所示。

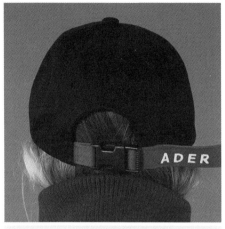

图 3-2-24 改变鸭舌的造型

增加功能设计

帽子功能的设计可以是增加其他种类帽子的功能设计，也可以是增加不属于帽子本身功能的设计。鸭舌帽增加冬帽护耳的功能，在这里不是为了御寒，而是为了防晒；帽身背后可以增加储物功能；一般帽子可调节的只有帽围的大小，图中的帽子增加了可以调节帽身尺寸的功能，如图 3-2-25 所示。

图 3-2-26 调节带设计

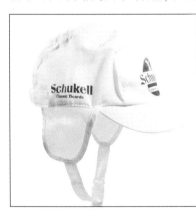

图 3-2-25 增加功能

（2）空顶帽

宽檐空顶帽材质一般由塑料组成，具有防紫外线，遮阳的功能。此类空顶帽具有太阳帽和太阳眼镜两者的功能，适合户外骑车时佩戴。超宽超长的不同颜色帽檐可以将整张脸遮住，还能根据需要上下调整帽檐。

短檐空顶帽材质一般同棒球帽类似，此类空顶帽整体设计简单，内侧还有专门吸汗的毛巾质地，如图 3-2-27 所示。

图 3-2-27 短檐空顶帽

帽身的变化设计

在普通空顶帽的基础上增加部分帽身，多运用在硬质空顶帽上，可以平衡帽檐，起到美观的作用，如图 3-2-28、图 3-2-29 所示。

图 3-2-28 增加帽檐上部分帽身

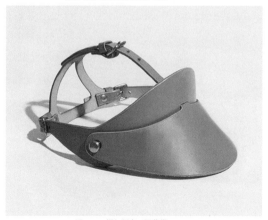

图 3-2-29 增加帽身（调节带）

帽檐的变化设计

空顶帽帽檐主要起到遮阳的作用，以功能性为主，所以对造型的设计变化空间不是很大，设计上可以在帽子后部增加一个帽檐，能为头发、脖子遮阳；也可以将帽檐加宽至脸颊两侧，这样防晒效果更佳，如图 3-2-30、图 3-2-31 所示。

图 3-2-30 双帽檐设计

图 3-2-31 帽檐加宽的设计

（3）窄边帽

第一种窄边帽是平顶型，帽檐下倾，俗称渔夫帽。另一种窄边帽是圆顶型的，一般帽身由六片组成，帽檐略向下倾斜，如图 3-2-32 所示。

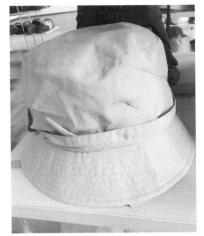

图 3-2-34 增加褶皱的肌理

图 3-2-32 窄边帽

帽身的变化设计

帽身的设计可以从以下几个方面进行变化：帽身加长、帽身缩短、异型（非圆形）帽身、增加装饰物等，如图 3-2-33~ 图 3-2-37 所示。

图 3-2-35 上大下小的帽身

图 3-2-36 方形帽身

图 3-2-33 加长帽身

图 3-2-37 增加装饰物

帽檐的变化设计

窄边帽帽檐窄且面料柔软，无法做太夸张的造型设计。可以通过增加帽檐、帽檐的褶皱、帽檐的镂空等方面进行设计，如图3-2-38~图3-2-41所示。

图 3-2-38 双层帽檐

图 3-2-39 不规则帽檐

图 3-2-40 通过缝线视觉
上加厚帽檐

图 3-2-41 帽檐镂空

材质的设计

材质的设计主要是通过改变帽饰的材料，运用一些新型的、不常用的材料制作帽饰，可以整帽运用，也可以通过拼接的方式。运用亮片材料，可使普通的渔夫帽变得时尚、潮流；也可以将帽檐前半部分用透明PVC材料进行拼接设计，既能遮阳，又不挡视线；使用网格面料做渔夫帽的帽身，更加透气，如图3-2-42~图3-2-44所示。

风格化的设计

风格化设计是极具特色、人们一眼就能看出的设计风格。例如用迷彩、牛仔面料进行帽饰设计，风格鲜明，如图3-2-45~图3-2-47所示。

图 3-2-45 迷彩风帽子

图 3-2-46 休闲牛仔风帽子

图 3-2-47 中性风帽子

图 3-2-42 亮片材料

图 3-2-43 透明 PVC 材料

图 3-2-44 网格面料

（4）宽边帽

　　宽边帽也就是通常意义上的淑女帽。它的材质一般以轻盈飘逸的麻纱为主，现在也有很多是用特殊的合成面料。这类帽子除了帽檐宽大外，帽檐造型的变换也是它的设计点。不论是荷叶边还是卷边抑或是不规则形，都给人以清新典雅之感，如图3-2-48~图3-2-50所示。

图 3-2-49 荷叶边宽边帽

图 3-2-48 宽边帽

图 3-2-50 卷边宽边帽

　　帽型的设计变化：

　　在阳光入射角为71°和90°照射的条件下，对比水桶帽、棒球帽、钟型帽和西部草帽，分析佩戴者静止和运动状态时，帽子遮盖人体的百分比，发现钟型帽和西部草帽能较好地遮盖人体，因其帽檐宽大且有向下的弧度。帽型的设计变化主要通过褶皱、镂空、不规则分割等方法，如图3-2-51~图3-2-53所示。

　　相同款式的帽子大一号的比小一号的防晒效果更好。

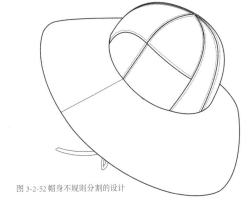

图 3-2-52 帽身不规则分割的设计

图 3-2-51 帽身褶皱的设计

图 3-2-53 帽檐前大后小的设计

第三节 模压类帽饰设计

制作模压类帽子的模型包括头部模型、帽顶模型、帽檐模型、模型支架等。

帽型的设计主要围绕帽坯的设计，因材料（布帽帽坯、毛毡呢帽坯、草帽帽坯）的不同而变化，最后的设计变化包括衬里、帽圈、帽带、人造花、缎带、帽针及羽毛等装饰性配件。

01 帽顶模型设计

帽顶种类繁多，可根据流行的风格和样式制成各种形状，主要有尖顶型、圆顶型、圆角型、平顶型等（帽模一节中有介绍）。

有一些设计特殊造型时适用的帽模，如变型筒帽模型、贝雷切割型、布模型等，如图 3-3-1 所示。

变型筒帽模型　　　　贝雷切割型　　　　布模型

图 3-3-1 帽顶模型

还有一些其他异形帽顶模型设计，这些帽顶模型形状各异，有的还能看出帽饰的形态，有的则完全突破帽饰原有的形态。这些帽模做出来的帽饰更适合在一些特殊场合佩戴，如参加走秀、特殊的晚会、观看赛马等。这些帽顶只是帽子的一部分，大多会在帽型的基础上再加上一些羽毛、花朵或是珠宝的装饰，使其更加华丽、优雅，如图 3-3-2 所示。

图 3-3-2 异形帽顶模型

02 帽檐模型设计

帽檐模型可与帽顶模型连接或单独使用，主要分为平檐型、曲面下斜型、急下斜型、特急下斜型、侧翻型、圆弧型、特厚水兵模型等，部分帽檐模型如图 3-3-3~ 图 3-3-6 所示。

还有一些设计特殊帽檐造型和制造特殊材料帽檐的辅助模具，如圆盘模型用以制作衬料、丝带打褶或设计类似造型。

后期的一些造型调整，例如立裁和假缝时，会用到头部模。通常使用按定制者头部尺寸制成的头颅形模型，常用的还有亚麻制成的轻质头部模型和塑料模型，如图 3-3-7 所示。

图 3-3-4 帽檐模型设计（侧翻型）

图 3-3-5 帽檐模型设计（圆弧型）

图 3-3-6 帽檐模型设计（平檐型）

图 3-3-3 帽檐模型设计（曲面下斜型）

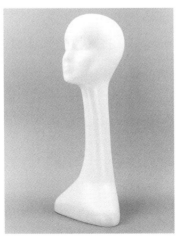

图 3-3-7 头部模型

03 以礼帽的设计变化为例

礼帽有大礼帽、小礼帽之分。大礼帽帽冠较高（14～19cm），如英国伊顿学院学生戴的伊顿帽；小礼帽最初为德国男用帽，又称汉堡帽。

典型的礼帽帽子高度为 10.5~12cm，帽檐宽 6~7cm，帽身前部左右两侧有两个向内凹的造型。在设计的过程中，可以使其样式产生很多变化，主要通过三个部位：帽型、帽檐和腰条，礼帽结构图如图 3-3-8 所示。

图 3-3-8 礼帽结构图

（1）帽型的变化

帽型的变化主要依据帽顶形状的改变而变化。常见的有以下几种形态的帽顶，如图 3-3-9、图 3-3-10 所示。

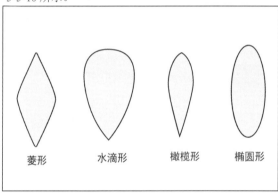

图 3-3-9 各种礼帽帽顶形状

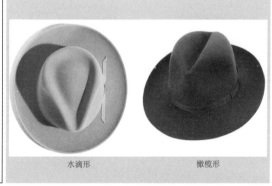

图 3-3-10 不同形状帽顶的礼帽

（2）帽檐的变化

帽檐的变化主要依靠帽檐尺寸、翻卷形状的变化而变化，如图 3-3-11 所示。

将爵士帽的帽檐变窄，佩戴时后帽檐翻起，较适合浅浅地戴在头上，如图 3-3-12 所示。

帽围56～58cm（可调节）	
（大檐）帽檐：7cm	（短檐）帽檐：4cm

图 3-3-11 大檐爵士帽（宽边大毡帽）

图 3-3-12 爵士帽

（3）帽型和帽檐的综合变化

礼帽的设计变化在帽檐、帽身上的体现可以有多种形式。

通过加长帽身，帽檐卷边的设计变化，使其变得更为随性，不那么正式，如图 3-3-13、图 3-3-14 所示。

图 3-3-13 加长帽身　　　　图 3-3-14 帽檐卷边

对局部结构进行大胆的夸张变形，或缩小或颠倒错位帽饰中部分零部件位置，如图 3-3-15 所示。

图 3-3-15 局部改变造型

对原有结构进行突变，通过倾斜、倒转、曲线或者波浪等造型手段使帽饰整体重心有所偏移，制造出即将滑落、坍塌或错位等视觉效果，如图 3-3-16 所示。

图 3-3-16 突破原有的结构

通过帽条的变化改变设计。常见的礼帽帽条有织带、裁成条状的毛毡或是裁成条状的皮革材料等。帽子用毛线绕圈围成帽条和用金属做成帽条效果，如图 3-3-17、图 3-3-18 所示。

图 3-3-17 毛线帽条　　　　图 3-3-18 金属帽条

运用不同颜色的毛毡面料或是运用不同的材质进行拼贴设计。帽檐部分改用皮草与帽身部分的毛毡拼贴在一起，更显高贵的气质，如图 3-3-19 所示。

图 3-3-19 不同材质的拼接组合

对局部解构进行刻意破坏或损失，追求不完整。有些地方特意做出撕扯、残缺、破碎等形态，如图 3-3-20、图 3-3-21 所示。

图 3-3-20 帽身解构　　　　图 3-3-21 帽檐解构

第四节 编结类帽饰设计

　　编结类帽子分为整体编结、部分编结后再加以缝合、密集编结、镂空编结、双层及多层编结等各种各样的造型手法。

　　在帽型的设计上除了款式造型的变化，还包括编结手法的设计，不同的编结手法带来不同的造型和肌理效果。最后的设计变化还包括帽带、缎带、腰条、装饰的花边、珠片、羽毛等装饰性配件。

01 草编类

　　草帽的款式主要有大檐沙滩帽、小檐礼帽、平顶草帽（硬草帽）、圆顶草帽、空顶遮阳草帽等。由于款式、材质、佩戴场合的不同，草帽已从普通的遮风挡日，演变成了现代都市男女众多标配饰品中不可或缺的配饰之一。随着染料技术的发展，编结工艺的丰富，草帽越来越多地进入到时尚饰品的行列。同时人们对美的不断追求，草帽所用的材质更多，款式也更多，随着各种名贵草料的加入，草帽越来越高大上起来，俨然已经代表了一种时尚。

图 3-4-1 硬草帽

　　如图 3-4-1 所示就是一款硬草帽，平顶上加直帽檐，帽身和帽檐的夹角为直角，帽冠较浅，帽底座边常嵌有丝缎织带等装饰。

（1）草帽帽型设计

　　比较常见的有圆顶帽、平顶帽、弯檐帽、平檐帽、爵士礼帽、盆帽等。每个帽型代表着一种风格，或休闲或优雅或时尚。

　　钟型草帽较为常见，又称圆顶帽。其帽顶高，帽檐窄且自然下垂，佩戴时紧贴头部，如图 3-4-2 所示。

图 3-4-2 钟型草帽

圆盒帽是圆盒状帽式，无帽檐和帽舌，帽顶较平坦，通常扣于头顶部，还有一种偏小的筒型帽。圆盒草帽通常加上美丽的花饰、羽毛、珠饰和披纱作为头饰的一种，装饰性强，一般在社交礼仪场合中使用，如图3-4-3所示。

宽檐帽帽檐宽大，以遮阳、装饰为主要目的。宽檐草帽不仅具有遮阳效果，也更加透气、环保，是外出旅游的佳选。宽檐帽帽檐上多有装饰，简单的可装饰织带、丝巾，复杂的可以装饰羽毛、绢花、珠宝等，如图3-4-5所示。

图 3-4-3 圆盒帽

图 3-4-5 宽檐帽

盆帽是圆形平顶式，帽墙很低，下端四周有凸出的帽檐且帽檐向下倾斜，一般会在帽墙处围一圈帽条，既能遮住拼接的线条，又能起到装饰作用。为了更适合女性佩戴，会添加一些花朵、羽毛、珠宝等装饰物，使其形象更加丰富，如图3-4-4所示。

在古代，斗笠作为挡雨遮阳的器具随处可见，到了现代，斗笠成为一种工艺品，经常出现在一些旅游景点。斗笠是帽顶较尖、帽底宽的倒锥形帽，结实耐用、透风性好，如图3-4-6所示。过去人们使用斗笠讲究实用性，不会做太多外形的美观设计，现在人们会用彩色的竹子编出不同的图案进行装饰，也有的直接在斗笠上进行彩绘设计。

图 3-4-4 盆帽

图 3-4-6 斗笠

帽型的其他设计变化：

　　除了以上的一些常见的帽型，草编类帽子的帽身还可以有一些其他造型方面的设计变化，如图 3-4-7~ 图 3-4-12 所示。

图 3-4-7 上小下大帽身

图 3-4-8 上大下小帽身

图 3-4-9 具象帽型

图 3-4-10 抽象帽型

图 3-4-11 缩短帽身

图 3-4-12 加长帽身

（2）草帽帽檐设计

从帽檐大小上来分，有帽檐宽度超过 10cm 的大檐帽，适合在海边度假时佩戴；有帽檐宽度在 5~10cm 的中檐帽也叫宽檐帽，适合大多数场合佩戴；也有帽檐宽度不超过 5cm 的小檐帽。

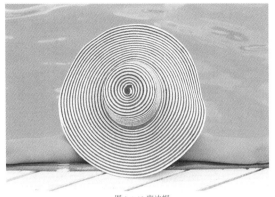

图 3-4-13 宽边帽

宽边帽、大轮形帽：帽檐宽大平坦，帽檐边缘也有类似丝缎包边装饰，如图 3-4-13 所示。

图 3-4-14 全翻帽

全翻帽：帽檐全部翻起，帽檐较宽并均匀向上翻折，类似水兵帽，如图 3-4-14 所示。

图 3-4-15 鸭舌帽

鸭舌帽：帽檐长从 2cm~4cm，因为不像布帽一样帽檐内部有帽舌支撑，所以不宜太长，帽檐的宽窄可自由变化，如图 3-4-15 所示。

图 3-4-16 不对称帽檐

帽檐的不对称设计，运用加宽、变窄、切割等方式，将圆形的帽檐拉长为椭圆形，并将其圆形移位，与帽身的圆形错开，形成视觉上的不对称帽檐，如图 3-4-16 所示。

图 3-4-17 下翻大檐帽

下翻大檐帽：帽檐宽大平坦且下翻，酷似反扣的碗形，通过刷胶固定形态，如图 3-4-17 所示。

图 3-4-18 前翻帽

图 3-4-19 侧翻帽

图 3-4-22 异形帽檐

图 3-4-20 全翻帽

图 3-4-21 双侧翻帽

图 3-4-23 在本基形的基础上翻卷折叠

半翻帽：帽檐的某些局部向上翻卷，包括前翻、后翻、侧翻及双侧翻，如图 3-4-18~ 图 3-4-21 所示。

（3）其它设计

草帽的其它设计主要包括：①增型，通过拼贴、刺绣、绗缝、吊挂等方法添加相同或不同的材料，如珠片、羽毛、花边、立体花、绣球等多种材料的结合运用；②减型，破坏成品或半成品草帽的表面，使其具有不完整、无规律或破烂感等外观，如抽纱、镂空、烂花、撕剪等；③立体型，改变草帽的表面肌理形态，使其形成浮雕和立体感，如压褶、抽褶、折裥、造花等；④钩编织设计，采用草帽成型或半成型的面料，或者其他纤维制成的线、绳、带、花边等通过编织、编结等各种手法形成疏密、宽窄、连续、平滑、凹凸等外观变化。

不同材料的拼贴让草帽造型更加丰富。在帽檐外边缘拼接网纱面料，更适合女性佩戴，显得优雅而神秘，如图 3-4-24 所示。

草帽的帽檐也可以完全突破原有的形态，通过翻卷折叠、裁剪、定型等方式，设计出造型各异的帽檐，异形的帽檐就像是装饰品在帽子上，使帽子不那么单调，如图 3-4-22、图 3-4-23 所示。

图 3-4-24 材料的拼接

图 3-4-25 镂花设计　　　　　　　　图 3-4-26 镂空设计　　　　　　　　图 3-4-27 镂格设计

通过镂空的设计，包括镂花、镂孔、镂空盘线、镂格等镂空的方式，达到不同的镂空视觉效果，如图 3-4-25~ 图 3-4-27 所示。

图 3-4-28 帽身用干花草进行缀饰堆叠　　　图 3-4-29 用雷丝叠加在帽檐上　　　图 3-4-30 帽条加上流苏，叠在帽檐上

在帽饰上加缀某些造型的设计，可以将面料或其他材料按设计需要层层堆放叠合在帽饰上，最常见的就是头饰上的装饰堆叠设计，如图 3-4-28~ 图 3-4-30 所示。

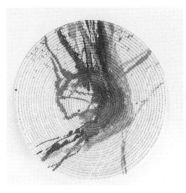

图 3-4-31 手绘图案　　　　　　　　图 3-4-32 草绳编织字母　　　　　　　图 3-4-33 刺绣图案

可以在帽身、帽檐上进行图案设计，可以通过刺绣、喷绘、手绘、异色编织等方式，如图 3-4-31~ 图 3-4-33 所示。

（4）以巴拿马草帽的设计变化为例

巴拿马草帽（Panama Hat）是用一种名为多基利亚的植物的纤维或用彩色杆纺织而成的带有黑条纹或花饰的草帽，做工非常精细，且每一顶帽子都是手工制作，而非纺织而成。具有透气凉爽、轻便、不易折坏等特点。这种帽檐微微上翘的草帽有些嬉皮味道，中性，造型神秘而性感，酷味十足。编织密度越大，圈数越多，缝隙越少，就代表这顶巴拿马草帽越高级，如图3-4-34、图3-4-35所示。

图 3-4-34 巴拿马草

用两个或两个以上颜色的草料拼接制作而成的帽饰，简单的造型加上颜色的碰撞，赋予了帽饰新的灵魂，如图3-4-36所示。

图 3-4-35 巴拿马草帽

将设计好的图案用立体刺绣的方式绣在帽饰上，绣线的针路和凸起的花纹使图案具有浮雕式的独特的造型美，如图3-4-38、图3-4-39所示。

图 3-4-38 刺绣和串珠装饰　　　　图 3-4-39 立体刺绣

图 3-4-36 异色拼接设计

异色拼接是几个色块的拼接，而编织拼接是将不同颜色的草条按照设计的需要混在一起，借助颜色和编结方法直接编织出图形，如图3-4-37所示。

喷绘是利用喷笔或喷枪等工具，将调和好的颜料喷着在面料表面，可以按照设计需要自由的喷在帽身或帽檐上，如图3-4-40、图3-4-41所示。

图 3-4-37 异色拼接

图 3-4-40 具象图案喷绘　　　　图 3-4-41 抽象图案喷绘

02 毛线针织类

毛线编织成的帽饰质感的粗糙程度可以激发使用者对材料表面触感的想象，而且质感能表现出帽饰多样化的触觉属性和造型感——舒适温暖、柔和亲肤、质地轻盈且有弹性。为穿戴者带来一种被毛毯包裹起来的放松感，从而进一步体现造型上带来的温暖和安全感。

通过各种不同的机织手段，以及毛线钩花、编织、镶嵌等传统的手工定制方式可以完成大部分的造型和拼接，来设计实现各种不同的具象和抽象帽饰形态。

毛线帽由于是用柔软的毛线编织而成，其成品多柔软，不会像其他帽子一样能够自己支撑形态，大多毛线帽都是紧贴头部的。设计的类型同草帽类似，即通过增加装饰、拼接、镂空、绣花等方式进行设计，但与草帽不同的是，毛线帽不需要定型，所以其形态可以多种多样，不受模具的造型限制。但是，随着新材料、新工艺的不断出现，毛线帽的造型也有了全新的变化。例如，将毛线中参差塑料丝编织成型后，再进行模压造型，便有了新形态且不变形的帽子。

（1）毛线帽帽檐设计

帽檐通过堆叠褶皱的缝制方法可以做出波浪的立体效果，也可以将帽檐边缘形状设计成波浪形。可以通过针织的疏密松紧变化让帽檐自然的翻卷，这类帽子多给小朋友佩戴，样式可爱俏皮，如图3-4-45所示。

图3-4-42 卷边帽檐

（2）毛线帽帽型设计

头巾式无檐帽（塔盘帽）是一种呈褶皱状的头巾式软帽，无帽檐，与头部紧贴。现在人们为了佩戴好看，进行了一些造型的改良，在帽子前部增加了交叉的设计，使其不那么紧贴头部，视觉上显得头小脸小，如图3-4-42所示。

图3-4-43 头巾式无檐帽

兜帽又称连颈帽，帽身大而深，呈三角形，帽顶尖。兜帽可以罩住整个头部，下摆通常长垂至肩，如同围巾一般围在颈部，在冬季深受大家喜爱，如图3-4-43所示。

图3-4-44 兜帽

改变造型，可以将毛线帽直接织成特别的造型，也可以用其他颜色的毛线或其他材料进行一些趣味设计，为帽子加上装饰，如图3-4-44所示。

图3-4-45 增加装饰

第四章 帽饰的设计表现方法

　　帽饰的设计表现方法是帽饰设计中重要的一环，能够帮助设计师开拓思路，通过灵感版的制作提炼设计元素，进行设计草图的简单绘制，包括面辅料的选择，充分发散思维，将前面提到的帽饰各部位设计结合自己的需求运用到实际设计中。

第一节 灵感图片收集

灵感是人脑的一种思维活动，是瞬间产生的富有创造性的突发思维状态。灵感可以通过视觉、听觉、嗅觉、触觉等各种感官系统传达到人的大脑，大脑再对其迸发出想象。灵感可以说是设计师进行设计创作必不可少的前提条件。

设计需要灵感，作为一名设计师，在进行设计创作以外的其它时候也常常会迸发一些灵感的火花，如果不能马上将它记录下来，它就会转瞬即逝。当你想再次抓住它时，你发现已经将它彻底遗忘了，所以，灵感需要及时记录。如在网上看到能给我们提供灵感的照片，要及时保存下来；日常生活中看到的场景，可以用手机拍摄下来，并及时整理回顾。

不同的人发现灵感的难易程度并不一样，这也取决于每个人的知识储备、生活经验，越是见多识广，对于灵感的捕捉越是敏锐。灵感来源可以是身边的任何事物，可以是花鸟鱼虫的外貌形态、可以是山川湖泊的肌理纹路、也可以来自日常生活中的某种人之行为、生活方式、事物、故事、历史、启示等，但不应该是从时装杂志或其他设计师作品中借鉴的结果。你对灵感的挖掘是日后受众了解你的故事和设计理念由来的支撑，应该从博物馆、美术馆、展览会、建筑、雕塑、书籍、电影、街头文化或平凡生活中寻找，哪怕是简单的一句话、一个词都可以成为你的灵感，如图4-1-1所示。

灵感图片的收集是解析主题最为形象的一种形式，我们根据主题形成一些关键词，通过关键词形成大家对主题较为一致的共识，然后通过寻找、绘制、拍摄图片来表达对主题的理解，使主题更加形象化，借此形成设计中所需要的必要元素。可在pinterest、behance等搜图网站上输入关键词寻找可以表达自己思想的图片。

例如想要查找关于建筑的图片，可在pinterest上输入"buliding（建筑）"搜索相关图片，如图4-1-2所示。

图 4-1-1 通过看秀获取灵感

图 4-1-2 搜索灵感图片

首先将能够给自己提供灵感的图片保存下来，然后将灵感图片汇集制作灵感板。灵感板不是随意的素材的堆积，他是我们设计创作的基石，也是我们向别人展示设计的说明书，所以其排版也要尽可能的美观，且信息充足。可以将每幅图片给予你的灵感标注出来，并将颜色提取出来，以便设计使用，如图 4-1-3 所示。

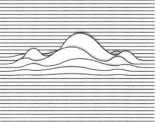

图 4-1-3 制作灵感板

第二节 设计元素提取

　　设计元素是帽饰设计中的基础符号，一般会通过对主题的解析来获取恰当的设计元素进行设计表现。能够精准提炼出合适的设计元素并将其运用到实际设计中，设计就完成了一半。

　　设计元素可以是任何一个物品、一种形态、一个情绪的表达。对于帽饰设计而言，设计元素可以有多种表现方法，它可以是帽饰主体的某种装饰手法，可以是某种特殊的缝制方法，也可以是配件的组合形式。所以它可以是一种关系元素、可以是一种概念元素、还可以是一种实用元素。

　　设计元素的选取是一个从抽象到具象的过程，通过对主题意向关键词的梳理找到表现关键词的照片，从中提炼出有用的元素，可以是某种线条元素、可以是块面的组合、也可以是色彩的搭配。以"放飞自我"为主题进行设计元素的提取，如图 4-2-1 所示。

图 4-2-1 以"放飞自我"为主题进行设计元素整理

通过对主题"未来战士"的解析，寻找有相同意境的图片或物品，分析提炼设计元素，同时可以快速绘制草图，将灵感记录下来，避免遗忘，如图4-2-2、图4-2-3所示。

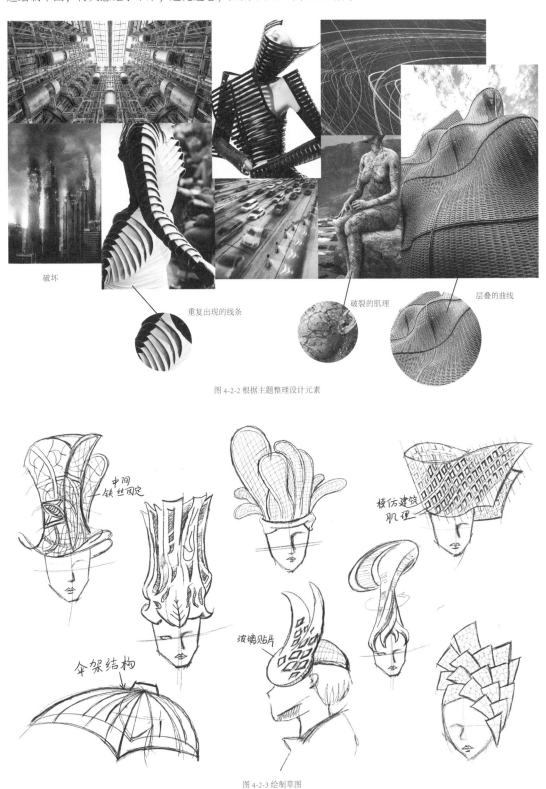

破坏

重复出现的线条

破裂的肌理

层叠的曲线

图 4-2-2 根据主题整理设计元素

中间铁丝固定

模仿建筑肌理

伞架结构

玻璃贴片

图 4-2-3 绘制草图

第三节 形态要素提炼

在帽饰的一个设计系列中，帽饰的基本造型特征要与主题相符，因为设计师要以这个基本造型为基础来进行具体设计。把外形轮廓做成设计概念有非常重要的作用。每次发布会上，设计师总在思考如何使自己推出的外形能让消费者理解和喜欢，能引导流行。外形有直线和曲线的，可以说几乎所有的外形过去都曾经有过。

一个特定的主题决定了这一主题下帽饰的基本外形。一般来说男性帽饰较之女性帽饰产品变化较小，变化也更加细微，一些小小的变化都可能引起整体风格的变化。可见，基本外形是设计的第一步，也是其后工作的根据、基础与骨架。例如，以白玉兰为灵感设计的一系列帽饰，我们首先要明确这一系列的帽饰用在何种场合、何人佩戴，搭配哪个季节的服饰，再加上白玉兰花给人优雅、高贵的感觉，搭配礼帽、盆毛帽更为合适，设计师就在这些帽型的基础上，结合白玉兰花的造型进行设计，如图 4-3-1、图 4-3-2 所示。

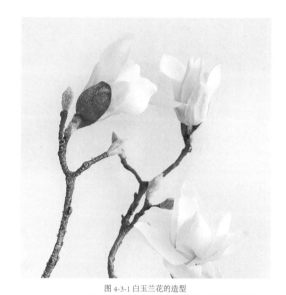

图 4-3-1 白玉兰花的造型

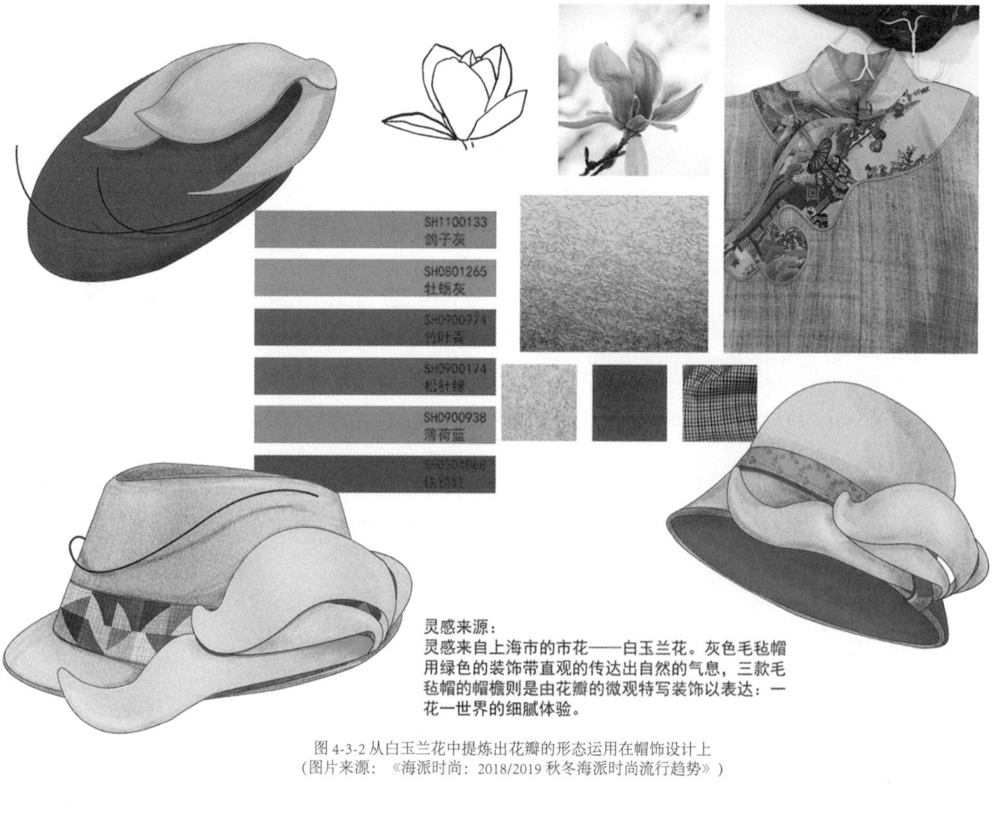
SH1100133
鸽子灰
SH0801265
牡蛎灰
SH0900174
松针绿
SH0900938
薄荷蓝
灵感来源：
灵感来自上海市的市花——白玉兰花。灰色毛毡帽用绿色的装饰带直观的传达出自然的气息，三款毛毡帽的帽檐则是由花瓣的微观特写装饰以表达：一花一世界的细腻体验。

图 4-3-2 从白玉兰花中提炼出花瓣的形态运用在帽饰设计上
（图片来源：《海派时尚：2018/2019 秋冬海派时尚流行趋势》）

　　从具有同样意境的图片、产品或者从秀场服装中提炼形态要素，进行帽饰设计，如图 4-3-3、图 4-3-4 所示。

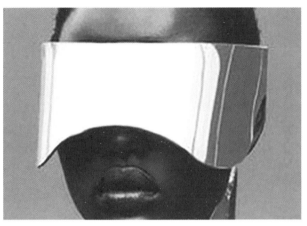

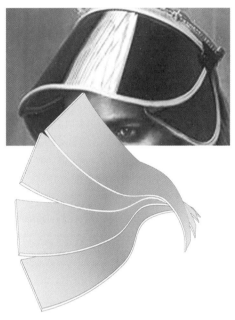

图 4-3-3 从未来科技感面部装饰中提取形态要素
（作者：谢冰雁）

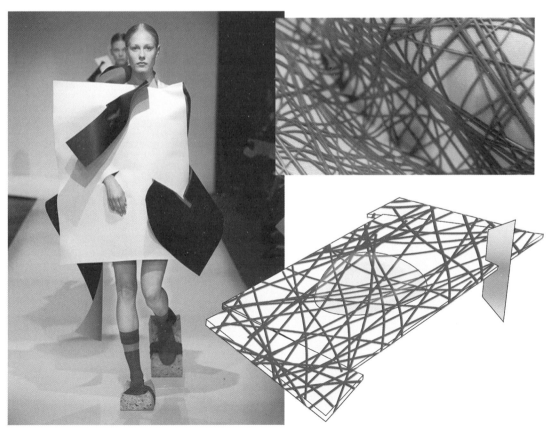

图 4-3-4 从秀场服装中提取形态要素（作者：谢冰雁）

第四节 面辅料的确定

　　面辅料是帽饰设计主题的重要表现形式，甚至说面辅料对整体帽饰设计效果影响很大。设计中没有运用合适的面料，再好的设计也会难以呈现，所以要求设计师在构思设计时，就需要考虑到面辅料的选择和搭配。

图 4-4-1 选择面辅料

　　面辅料既是完成帽饰的重要原料，也是影响帽饰主题风格的重要元素。如果找不到合适的材料，极有可能会影响最终成品的展示效果。而相反的，当遇到理想的面料时，设计师也许会受到极大的启发，成为帽饰设计的灵感来源。

　　作为一个合格的设计师，不仅要对流行趋势、设计方法了如指掌，还要熟知面辅料的相关市场信息，如最近有哪些流行面料，面料的属性如何等。随着服饰品产业的发展，对面辅料的需求日益增加，相关的加工厂越来越多，可供设计师选择的品种也越来越多。为了满足强大的市场需求，面辅料展览会应运而生，展会上有最新、最全的面辅料可供选择，是设计师了解面料的流行趋势及面辅料信息的最佳场所，如图 4-4-1、图 4-1-2 所示。

图 4-4-2 面辅料展会

当不能确定自己所选择的材料是否适合时，可以在网上找到材料的照片（若有材料可自己拍照片），用 Photoshop、AI 等软件将材料贴在帽饰相对应的部分，并做出明暗、反光的效果，这样可以大致看出材料运用在帽饰上的效果，如图 4-4-3 所示。

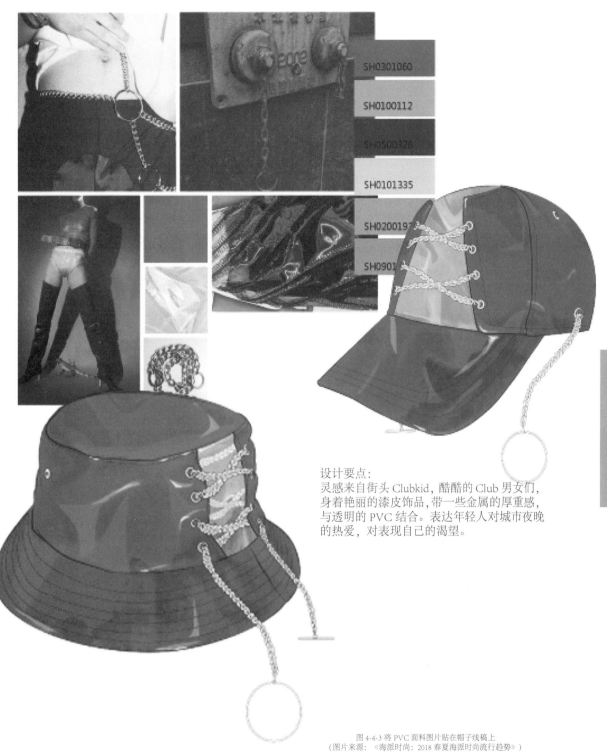

设计要点：
灵感来自街头 Clubkid，酷酷的 Club 男女们，身着艳丽的漆皮饰品，带一些金属的厚重感，与透明的 PVC 结合。表达年轻人对城市夜晚的热爱，对表现自己的渴望。

图 4-4-3 将 PVC 面料图片贴在帽子线稿上
（图片来源：《海派时尚：2018 春夏海派时尚流行趋势》）

第五节 定点设计法

把要解决的问题强调出来，有针对性进行创造，即为定点设计。主要包括特性列举法、希望点列举法、缺点列举法和检核表法。

01 特性列举法

抓住帽饰最基本元素的特征、特性，从而寻找到改进的目标，引导出各种解决的办法。

特性按照所描述词语的词性可分为三个方面：
名词特征：材料、整体、部分、工艺等。
形容词特征：主要是事物的性质，如颜色、造型、大小等。
动词特征：主要指事物的功能，包括在使用时所涉及到的所有动作。

特性列举法一般有三个步骤：
A. 选择一个明确需要进行创新的问题。如果问题较大就要对它进行必要的细分，把它分成几个较小的问题后再分别列举它们的特征。
B. 列举特征。按照名词特征、形容词特征和动词特征的顺序，详细列举帽饰的特征。
C. 分析特征提设想。根据例举出的特征，利用创造性思维，通过提问，诱发出用于革新的创造性设想。

02 缺点列举法

把对帽饰认识的焦点集中在发现缺陷上，通过对缺点的一一列举提出具有针对性的改进方案，或创造出新的帽饰来实现现有帽饰的功能，改善原有帽饰的不足。

缺点列举法一般有四个步骤：
A. 确定需要进行改革的帽饰；
B. 尽量全面列举这个帽饰的缺点和不足；
C. 将列举出的缺点进行归纳整理；
D. 针对每一缺点进行分析，改进缺点或者设计出新的帽饰。

如图 4-5-1 的帽饰，在列举其缺点之后便可根据这些不足提出改良的方案。
① 羽毛的装饰略显单调，细节和材料的运用可以更加丰富；
② 卡通形象的提炼不宜太过写实；
③ 整体的造型在实际工艺制作上能否实现有待考量；
……

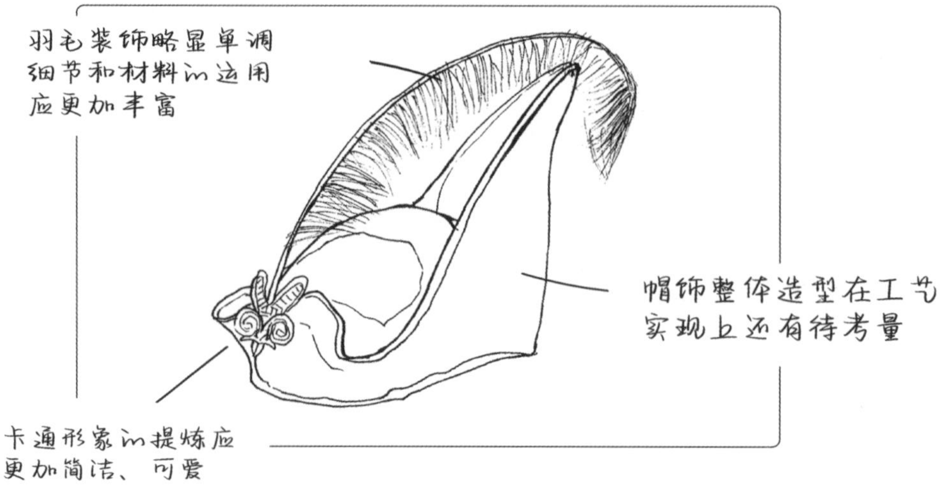

羽毛装饰略显单调
细节和材料的运用
应更加丰富

帽饰整体造型在工艺
实现上还有待考量

卡通形象的提炼应
更加简洁、可爱

图 4-5-1 列举帽子的缺点

第四章 帽饰的设计表现方法

03 检核表法

检核表法是美国创造学家奥斯本率先提出的一种创造技法。它几乎适用于任何类型和场合的创造性活动，因此被称为"创造技法之母"。在帽饰设计中，可以根据帽饰设计过程中所要解决的问题，并根据市场需求、使用者等诸多方面进行分析，确定重点要求，把有关问题进行罗列，然后核对讨论，从而找到解决办法，又称为设问法，往往以一种提问的方式进行。

自从美国奥斯本的检核表法推出以后，其他国家的学者们随之提出了多种具有各自特色的检核表法，但其中最受欢迎、既易学又能被广泛运用的，还是奥斯本的检核表。这种检核表是参阅一张列有不同目录、词语或者问题的核对单，这样可以给予人们以启示，促使他们从多角度去思考，寻找线索以获得构思的方法，如图4-5-2所示。

04 希望点列举法

希望点列举法是由内布拉斯加大学的罗伯特·克劳福特发明的，其执行步骤如图4-5-3所示。应用在帽饰设计中时是把想要设计的帽饰以"希望点"的理想状态的方式列举出来，然后根据主客观条件，确定设计的方向。

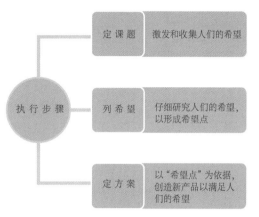

图 4-5-3 希望点列举法的执行步骤

奥斯本检核表			
序号	检核类别	检核内容	可行方案
1	现有的发明有无其他的用途？	有无新的用途？是否有新的使用方法？可否改变现有的使用方法？	方案①②③……
2	现有的发明能否引入其他的创造性设想？	有无类似的东西？利用类比能否产生新观念？过去有无类似的问题？可否模仿？能否超过？	方案①②③……
3	现有的发明可否改变？	可否改变功能？可否改变颜色？可否改变形状？是否还有其他改变的可能性？	方案①②③……
4	现有的发明能否扩大使用范围，延长它的寿命？	可否增加些什么？可否附加些什么？可否增加尺寸？可否增加强度？可否提高性能？可否放大？	方案①②③……
5	现有的发明可否缩小体积、减轻重量或者分割化小？	可否减少些什么？可否密集？可否压缩？可否去掉？可否分割？可否减轻？	方案①②③……
6	现有的发明有无替代用品？	可否代替？用什么代替？还有什么别的造型？还有什么别的材料？还有什么别的颜色？	方案①②③……
7	现有的发明能否调整？	可否变换？有无可互换的材料？可否调整尺寸？可否变换颜色？	方案①②③……
8	现有的发明是否可以颠倒过来使用？	可否颠倒正反？可否上下颠倒？可否内外颠倒？可否颠倒作用？	方案①②③……
9	现有的几种发明是否可以组合在一起？	可否尝试混合？可否把物体组合？可否把目的组合？可否把特性组合？可否把观念组合？	方案①②③……

图 4-5-2 奥斯本检核表

第六节 组合设计法

组合设计法是一种以综合分析为基础，并按照一定的原理或规则对现有的帽饰产品进行有效综合，从而获得新事物、新系统的创新方法。当前社会正趋于一种技术的成熟期，突破性成果趋于次要地位，而运用组合原理已成为产品创新设计的主要方式之一。

组合设计法是将两种或两种以上产品、形态、原理、技术的适当叠加或结合，形成新的产品、新的功能、新的原理的创新方法。相对于全新的设计而言，用组合法进行设计可以缩短开发时间、节约开发成本、降低开发风险等，使企业在短时间内获益。组合的方式有很多种，有功能组合、形态组合、原理方法组合、材料组合、产品语义组合、位置关系组合、色彩组合和肌理组合等。帽饰常用的组合方法如图4-6-1所示。

图 4-6-1 帽饰常用的组合方法

图 4-6-2 "ONYA然雅"飞碟帽伞

01 功能组合

功能组合的方法可以大致分为三类。

①附加功能：功能是人们购买产品的必要条件，在满足帽饰基本功能的前提下，通过组合法来增加一些辅助功能，使帽饰更加趋于完美。

②相似功能组合：将多样相似的功能组合在一起，使一物多用，符合当下绿色设计的思想。如帽子和伞的组合，成为了带有防雨功能的帽子，如图4-6-2所示。

③不同功能组合：将两个或多个毫无关联的功能巧妙地结合在一起，增加了新的功能，甚至会出现新的产品。将两个不同功能的产品联系在一起时，通常通过强制联想来进行，可以从形态、颜色、原理方法等各方面进行联想，找到他们的共同点。将帽子与背包的功能组合在一起形成的新产品，如图4-6-3所示。

02 形态组合

组成现代帽饰的总体形态和单元形态大多为抽象的几何形体，如球体、立方体、圆柱体等，再加上一些曲面的形态，并在此基础上进行变形、增减等变化。形态的合理组合，能够使帽饰造型更加生动、丰富，富于变化。

①不同形态组合：不同形态的组合在帽饰设计中非常常见，基本帽饰大多由几何体形态的帽身和曲面的帽檐组合而成。而在装饰用的帽饰品中，异形形态的组合更为常见，各种形态都可以组合在一起，如图4-6-4所示。

②同类形态组合：将同一种或类型的形态进行重复的组合，在组合时合理进行体量、位置关系的搭配，可以得到比单一形态层次更丰富、更具有视觉冲击力的效果。在同类形态组合时，要注意避免单调、死板，重复时要富于变化，既考虑到单个造型单元的形态，又要考虑到组合时产生的变化，如图4-6-5所示。

03 材料组合

材料的组合是将不同的材料组合运用在同一个帽饰产品上，是为了功能的结合，也可以是为了美观性，但必须是有意义的组合。设计师对于新材料性能的了解及运用都会引起一场新的设计变革，所以设计师要善于运用新材料，或是将新旧材料进行有机结合，在帽饰设计中是一种推陈出新的方法。

图 4-6-3 将背包与帽子进行组合的
设计：一款带有风帽的背包

04 色彩组合

色彩的组合是将两种或两种以上的颜色组合设计在同一个帽饰中，为的是帽饰外观更加丰富、更有层次。色彩的组合搭配主要是为了迎合设计主题，特别是在造型比较简单的帽饰上，色彩的组合更为重要。

图 4-6-4 异形形态组合的帽饰

图 4-6-5 同类形态组合的帽饰

第七节 头脑风暴法

头脑风暴法又称智力激励法，是现代创造学奠基人奥斯本提出的，是一种创造能力的集体训练法。其作为艺术设计中常用的创意工具，既可以被个体单独使用，也可以在小组中使用,但在小组中使用时效果更好。它在解决问题之初，特别是在夸大研究范围、自然快速聚集一些新思想以寻找更有潜力的解决办法时，显得更加有价值。

头脑风暴法的作用如图 4-7-1 所示。
①用于产生大量观点或可选的方案。与其他方法相比，它能激发出更多的观点和更好的建议。
②尝试充分运用所有人员的创造力。
③思维共振的方法。
④维持批判精神的群体决策方法。
⑤可以打破群体思维的方法。
⑥保证了群体决策创造性的方法。
⑦提高决策质量的方法。
⑧要求参与者具有较高的联想思维。

头脑风暴的流程，如图 4-7-2 所示。

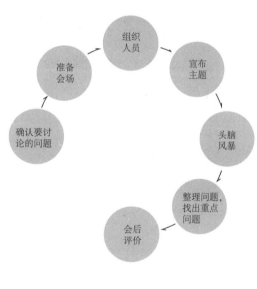

图 4-7-2 头脑风暴的流程

图 4-7-1 头脑风暴

从明确问题到会后评价，头脑风暴的三个阶段如图 4-7-3 所示。

图 4-7-3 头脑风暴的三个阶段

头脑风暴的方法：

① 分次进行过程

在第一轮头脑风暴结束后，从中选出两个或者三个不同寻常的或者显著的想法，把这些想法再列举到另外一个短小的单子上。

② 随机选取目标

任何一个与这个问题相关的物体、图像或者是词语都能够成为一个随机选取的目标，能够从一个新的方向打开一条新的思路，哪怕是看起来不那么理性的思路。在浏览杂志或者凝视某个临近的物体的时候快速找到一个随机的词语或者视觉上的东西来刺激大脑。选择好一个随机的目标后，问下面几个问题，然后和要解决的问题找到联系。

"这个随机挑选的东西为这个问题给出了些什么启发呢？"

"这个东西带来了这些新思想后能得到怎样的应用呢？"

"这个东西的物理性质可以在这个问题上得到什么应用么？"

③ 图片中的头脑风暴

收集相关的照片、图片或是画一些模式图、草图或者速写，将这些引导解决这个问题的方式视觉化。

④ 增加关于标准的问题

"怎样改变这个帽饰的大小、比例，或者是功能呢？"

"关注这些材料和结构，能不能找到一些更加环保的方式？或者是将制作过程变得更加生动呢？"

"这个帽饰能不能让使用者觉得更加舒服呢？有什么其它的提升帽饰性能和美观的方法以使它表现得更好呢？"

头脑风暴的过程用下面几种方式使得参与者意识到观念的多样性（以帽子为例）：

a、列出或者是用草图画出帽饰的新用法；

b、理解帽饰的使用过程，改变一些比例或者一些物理性质；

c、组合帽饰（功能、造型等的组合）；

d、重新考虑帽饰的使用环境和使用者。

最后将大家的想法整理成若干方案，主要分为实用型构想和幻想型构想两类。前者是指目前工艺技术可以实现的设想，后者指目前的工艺技术尚不能完成的设想。由专家评审小组根据帽饰设计的一般标准，诸如可识别性、美观性、创新性、可操作性等标准，找到实用型构想和幻想型构想的最佳结合点，然后对因此产生的各种构想进行分析和判断。反复比较，优中择优，最后确定 2~4 个最佳构想。这些最佳构想是众多设计创意的优良组合，是集体思考的智慧结晶，如图 4-7-4 所示。

图 4-7-4 整理大家的想法，一起讨论

第八节 仿生设计法

仿生设计法是产品设计中一种常用的方法，它以仿生学作为其理论基础，是仿生学在产品设计领域中的实践，这种设计方式是从自然界的生物中获取设计灵感，作为其创造的源泉，加以模仿和创作从而完成对产品的设计。

在帽饰的仿生设计过程中，设计师是帽饰的创造者，存在于大自然中的生物是仿生的来源，帽饰是仿生的产物。时尚帽饰中应用仿生设计方式的最终目的是将时尚与仿生相融合，促进人类社会与自然环境的和谐共生，丰富人类物质文明的同时增加人类与自然的亲密感。大自然中生物的形态多种多样、千奇百怪，这些都是在多年的进化过程中所形成的，因此这也将是最自然和最合理的形态。

01 形态仿生设计

形态仿生设计在时尚产品设计中非常常见，设计师运用简化、抽象、夸张等设计手法，对与其设计的产品具有相关特征的自然生物的表面形态进行提取与创造并运用于产品的造型上，使所设计的产品形态与仿生对象具有一定的关联性和呼应性。如今仿生对象形态已延展为两方面，即自然形态和人为形态。模仿恐龙骨架的帽饰设计如图4-8-1所示。

自然形态就是自然界中所存在的生物形态，对自然形态的仿生设计是时尚帽饰设计最常用的方法。在帽饰设计中，满足实用性的同时更多是注重于它的形态、美感以及含义，因此以自然界各类生物的优美形态和自身所代表的意义为设计灵感是非常适合的。例如，女士帽饰上的装饰多使用花朵形态来表现气质和柔美，运用海洋元素表现神秘感，或运用不同类型的动物形态来表现硬气与俏皮，从而表达自己的风格等。在自然形态仿生设计中，设计师也常根据其对形态的不同感受搭配相应的材质来更加突出所要体现的风格，与木质材质相匹配的造型会给人偏古典的感受，而要表达英气则常与金属相结合，珍珠材质会提升优雅气质，钻石则表现出尊贵与华丽。

图 4-8-1 模仿恐龙骨架的帽饰设计

02 色彩仿生设计

奇特的大自然充满着各种各样不同的色彩，而大自然中不同事物给人的感觉影响了人们对事物所具有色彩的感觉。例如，火焰的红色代表了激情、热血，植物的绿色代表了清新和新生，泉水的蓝色代表着清澈、纯净等。

帽饰色彩仿生设计的形式有两种：一种形式是对某一事物的彩色所表达的含义进行仿生，从而体现帽饰的设计理念，但与其他产品色彩设计略有不同，因为许多帽饰的材料带有自身颜色，这就要求设计师将带有色彩的材料选取与设计理念相匹配。例如，用草帽的亚麻色展现自然的朴素和纯粹；另一种形式是将生物的色彩提取作为设计元素运用于帽饰作品中，如一直非常流行的经典豹纹、斑马纹元素，从而表达出产品的野性，使其富有生命力，如图4-8-2所示。

图 4-8-2 提取豹纹色彩的仿生设计

03 结构仿生设计

经过多年的进化和演变，不同的生物又有着自己独有的奇特的合理的结构。结构的仿生设计主要针对的是产品的功能设计，若运用得当也会产生相应的美学价值。其中帽饰结构仿生大多是仿生对象内部结构的仿生设计，对自然界生物天然形成的结构所具有的性质和功能运用于帽饰设计中，如图4-8-3所示。

例如，众所周知的蜂巢结构，蜂巢由六棱柱型小蜂房组成，每间蜂房的底部由几个菱形的面组成，菱形的角度和比例是接近黄金分割值的数据。

图 4-8-3 模仿树叶经脉的结构的帽饰设计
（Bremen Wong 帽饰作品）

04 材料仿生设计

一方面表现在天然材质的选取上。现代帽饰设计中许多装饰的材料直接运用纯天然材料，如水晶、玛瑙、木、石等。这些天然材质具有自己独特的属性和特征，将这些天然的材料与人工材料相结合，可以很好地表达帽饰产品所希望给人的感受和含义，也能随之表现出自然的美感。另一方面则表现在对动物皮毛材质的应用上。如对自然物质表面的肌理的模仿并运用在帽饰的表面材料上，不仅增加了帽饰整体的品质感，也提高了产品的品位和内涵，有些帽饰设计也会运用动物的羽毛来做装饰增加自然生动的感觉，如图4-8-4所示。

图 4-8-4 用天然羽毛做装饰的帽饰

第九节 改良设计法

在全世界,每年都有大批的新产品投放市场,以求赢得消费者的青睐,但是目前人群所需的使用功能,其相应的产品几乎已经是应有尽有,只有在科技发生革命性突破后,人类生活方式、生活形态才会发生变化,才会有新的产品诞生和新的商机出现。在这众多的新产品中真正的原创性产品却是凤毛麟角,并且新产品的开发投入多、见效慢、风险大,因此绝大多数的新产品都是老产品进行改良后作为升级换代产品再次投入市场。对企业而言,产品的改良设计是一条投入少、见效快、风险小且提高自身竞争力的最好路径。

目前,市场上需要进行改良设计的帽饰一般分为两类:一是已经在市场上销售了相当长的一段时间,在这一过程中随着销售人员、佩戴者对帽饰销售、使用后所出现的问题、缺陷等情况不断积累,一致认为有必要对这些问题进行改良。二是将市场上较受欢迎的帽饰进行适当改良衍生,有些是在实现相同功能的同时做性能、机能上的改进,以取得更好的感官效果,或是避免侵犯他人的知识产权。

01 帽饰结构的改良设计

节约空间:折叠设计的特点主要是借助巧妙的结构,使产品能够通过简单折叠、弯曲或压缩,减少占用的空间,起到便于收纳的作用,实现节约空间、方便携带的目的。通过结构的设计使帽饰更加人性化,为人们的日常生活提供便利。

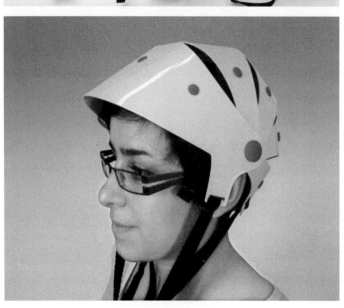

如图4-9-1是一款由设计师朱利安·伯格涅特设计的简易折叠安全帽。

这款安全帽由类似于菱形的片状部件相互串联在一起,其中有一面被粘上了很多类似于海棉的缓冲层,使用者只需要通过连接件简单的将菱形片的两边相互连接起来,就可以形成一个头盔的形状,且功能与普通头盔无异,适合在骑摩托车或自行车时佩戴,既时尚、又安全。

在不使用的时候,这款帽子的优点更加突出,便于携带、方便收纳保存。因为其部件的结构本身是平板状,折叠起来后就可以放在抽屉里收纳,占用空间小。也可以将其挂在墙上紧贴墙壁,不会像普通的安全帽那样需要准备一个专属的放置空间。

图4-9-1 结构改良设计

结构设计的应用：结构设计在产品的改良设计中起到关键性的作用。功能上，结构除了直接为满足和达到产品的基本功能外，对产品功能的改良和功能的扩展起到直接作用，如图 4-9-2 所示。

便携式设计：便携式设计是产品便于携带的设计，帽饰上方便外出携带、能够实现空间转移是设计的主要目标。便携是对产品功能的体现，同时也是对用户需求的满足。

如图 4-9-3 所示是一款雨衣，雨衣后的背包可以在不使用雨衣时将雨衣收纳。

图 4-9-3 便携式设计

图 4-9-2 安全气囊帽子
（骑自行车时，突然摔倒，会有气囊弹出，变成帽子保护头部）

02 帽饰形态与色彩的改良

如果说帽饰是功能的载体，形态则是帽饰与功能的中介，没有形态的作用，帽饰的功能就无法实现，形态还有表意的作用。在帽饰的改良设计中，最为常见的就是对帽饰形态的改良，因为产品的形态是最直接与消费者交流的产品语言之一，通常消费者是通过帽饰的形态来判别产品功能的。往往帽饰产品更多是通过形态的设计来吸引消费者眼球，在保持帽饰原有功能的前提下对形态进行改良和创新，使之以崭新面貌出现在消费者面前，以获得强劲的市场竞争力，如图 4-9-4 所示。

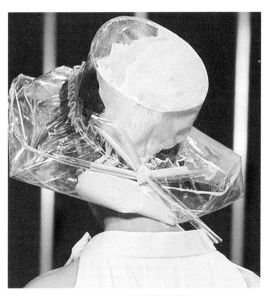

图 4-9-4 帽饰形态的改良设计

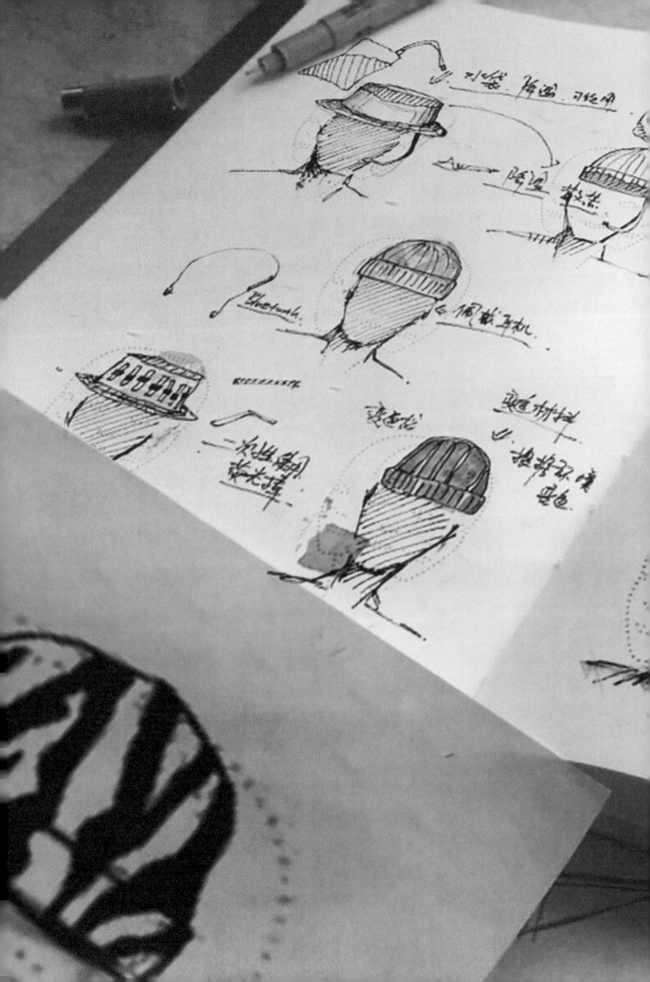

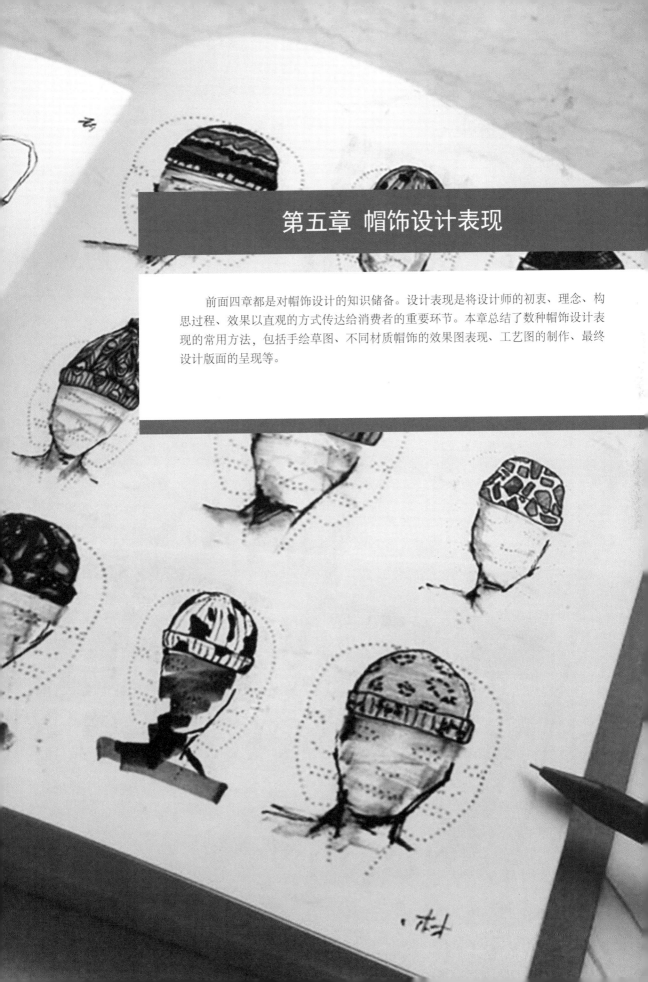

第五章 帽饰设计表现

前面四章都是对帽饰设计的知识储备。设计表现是将设计师的初衷、理念、构思过程、效果以直观的方式传达给消费者的重要环节。本章总结了数种帽饰设计表现的常用方法，包括手绘草图、不同材质帽饰的效果图表现、工艺图的制作、最终设计版面的呈现等。

第一节 草图的表现

　　做为一种工具和技巧，草图在设计过程中扮演着很重要的角色。设计草图是设计过程中不可或缺的步骤，它使设计者的思维变得更加灵活，创意层出不穷，所以设计草图是将设计者的抽象思维转化成具象图形语言的主要手段，并为确立正稿奠定基础。

01 草图的主要作用

（1）及时记录、快速表达

　　设计师在进行创作的时候，灵感有时就像火花一样稍纵即逝，如果不能及时用草图记录下来，这个想法可能就一去不复返。所以草图的作用就是能够快速地将设计师头脑中的灵感与想法记录下来。一般绘制草图只需要一本本子或一张纸、一支笔，可以随身携带、随手记录。绘制草图时，细节不要求非常完整，只需要将设计师的构思清晰地表达出来即可。

（2）激发想象、活跃思路

　　当我们画一条直线时，我们可以认为是一根线、一个字、一根头发等，当我们认为它是一根线时，又会联想到一团毛线，继而想到毛衣、想到猫咪，每个人的联想又会不同，而所有的这一切都是由一根线而起的，所以这就是草图的另一个作用，激发想象。最初我们的灵感可能只是一根线条，但当我们把这个想法画在纸上时，我们会通过这些可视的图像联想到更多，从而引发更多的设计灵感，丰富我们的设计。所以绘制草图的过程也是在创意。

（3）真实可视，印证思考

　　草图来源于设计师脑中的想法，但那只是想象的形象，是虚拟的、模糊的，只有将想象的东西变为可视的图像，才能够传递真实的信息。有真实存在的图形才能够确定自己的想法是否存在、可行，思维是否可以发展下去，抽象的幻影、文字的描述，如何变为对应形象，并且可以直观的看到其形象优点及缺点，然后加以修改、提升、优化。

　　如图 5-1-1 所示是以水母的形态为灵感的设计草图。

图 5-1-1 以水母的形态为灵感画草图

02 草图绘制过程

以自然花卉为主要构想元素，从具象的花瓣造型到花朵绽放结构与时尚帽饰融合，呈现出花卉盛开时的美丽或凋零时的哀愁。花瓣的叠加和生机缠绕的羽毛是该帽饰灵感的另一来源，利用褶皱层叠增添造型的层次感，巧妙凸显女性的柔和婉约。再将层次分明的花朵镌刻在佩戴者的头部，将花冠曲线的轮廓融入帽饰的廓形中，佩戴者仿佛化身精致花朵，华丽盛放，高贵动人，如图 5-1-2~ 图 5-1-4 所示。

图 5-1-2 以花卉为构想元素制作灵感板

图 5-1-3 以花为灵感画草图

图 5-1-4 帽子草图

设计元素为设计构思提供了参考，下一步设计师就需要根据这些设计资料进行设计创作，把设计元素与帽饰的造型结合起来。帽饰造型在设计上应该主次分明，重点突出。

用铅笔绘制的设计草图在这里起到了图示作用，设计师画好大致的帽饰造型，结合设计元素，在草图上反复修正，逐渐明确自己想要的设计。完成了初步设计草图以后，还需要再一次进行手脑配合，完善设计构思，使之更加接近设计者所要达到的目标。

在初稿上修改、画出造型，反复观察，尽可能使形状贴近想要的效果，如果把握不准，可以参考资料中的造型，根据素材绘制设计草图，修改和调整确定终稿。面对已经形成的初稿，调整构思的速度可以减缓下来，进行深思熟虑，头脑中列举各种设计目标，反复推敲，使设计更加美观、时尚、合理。

例如绘制"小怪兽"系列帽饰的草图。灵感来源于小怪兽，用元素提取分析的方式绘制怪兽造型的帽饰草图，造型表现单纯而富有变化，通过追求角色夸张、变形的漫画艺术效果来提高帽饰造型的审美情趣，增加趣味性和娱乐性，如图5-1-5~ 图 5-1-8 所示。

图 5-1-5 以小怪兽为灵感进行设计

① 从小怪兽的形态中获得灵感，从中获取的任何灵感都可以在纸上随手画出来，自创一些小怪兽的造型，再从画的若干草图中挑选出较好的形态进行下一步设计。

图 5-1-6 从小怪兽中提取设计元素 (作者：谢冰雁)

② 在自创的小怪兽造型中提取合适的形态元素，例如可爱的触角、夸张的嘴巴等，用这些元素绘制帽子草图。

图 5-1-7 绘制帽子草图（作者：谢冰雁）

③ 对绘制的帽子草图进行选择、修改、完善，用勾线笔勾线，有时为了更加清晰地看出效果，可以进行简单的上色处理。

图 5-1-8 完善草图，"小怪兽"系列帽饰草图绘制（作者：谢冰雁）

第二节 效果图的表现

效果图是设计师运用各种工具、技巧和手段来说明设计构思及传达信息的一种表现形式。效果图一般是彩色的，需要体现面料材质及设计风格，绘图比例可适当夸张，不拘泥于绘画工具和手法。效果图是向企业和设计师等业界人士传达设计意图和流行走向的重要手段，它向打版师传达设计概念，向工厂有关人员传达设计意图。在帽饰品的设计、生产和销售的过程中，效果图发挥着重要作用。

效果图的表现方法：

每位设计师在向他人阐述设计作品的时候，都会利用不一样的设计表达方式与对方进行更深入的交流与沟通。一些设计师会偏爱手绘，另一些设计师则更倾向于使用电脑绘制，还有一些设计师会把两者结合，先用手绘描画对象的轮廓，再用电脑进行填充绘制。不同的设计表达方法可以帮助设计师更好表达自身的设计理念，并且找到适合自己的设计表达风格。因此，大家在设计探索的前期一定要多尝试不同的绘画技巧与工具，更好地完善个人的设计表达能力，画手绘效果图前的材料准备及一些所需材料如图 5-2-1~ 图 5-2-3 所示。

效果图表现的方法有很多种：白描勾线法、钢笔淡彩法、色彩平涂法、墨彩法、马克笔画法、水彩法、计算机辅助法等。帽饰的效果图表现主要是为了绘出帽饰的材料质感，本章将根据不同材料的帽饰介绍一些效果图表现方法。对效果图表现的要求是结构准确、形态完整、线条流畅、色彩统一、材质真实、和谐统一。

图 5-2-1 画前材料准备

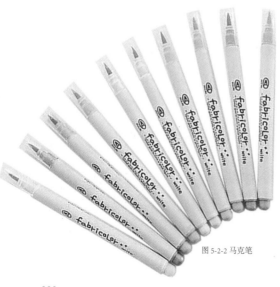

图 5-2-2 马克笔

图 5-2-3 水彩颜料

01 羽毛头饰的效果图表现

制作头饰的材料多种多样，羽毛在头饰上是非常常见的装饰品，不同的羽毛有不同的效果，鸵鸟毛给人感觉轻柔飘逸，孔雀羽毛色彩艳丽。

有的羽毛又大又长、坚硬挺直，有的羽毛纤细柔软，绘画时要根据每种羽毛的特点去绘制，如图5-2-4~图5-2-6所示。

图 5-2-4 羽毛头饰效果图 1　　　　图 5-2-5 羽毛头饰效果图 2　　　　图 5-2-6 羽毛头饰效果图 3
（作者：贺聪）　　　　　　　　（作者：贺聪）　　　　　　　（作者：石上源）

02 布帽的效果图表现

布帽的效果图在绘制时主要应体现出布料的纹理、软硬度、花纹等。布帽的材料在第二章中介绍过，布帽的材料、款式种类繁多，不同布料的

纹理、厚度不同；即使是同一种布料，在制作不同的帽饰时，也会由于制作工艺、方法的不同而展示出不同的效果，如图5-2-7~图5-2-9所示。

图 5-2-7 布帽效果图 1　　　　图 5-2-8 布帽效果图 2　　　　　　图 5-2-9 布帽效果图 3
（作者：贺聪）　　　　　　（作者：贺聪）　　　　　　　　（作者：贺聪）

03 毡帽的效果图表现

毡帽大多通过模压法制作完成，毛毡经过高温烫型后能够定型，整体造型挺括，没有褶皱。毛毡面料厚实、手感舒适，给人以温暖感，表面有

毛绒感，不似布帽那样光滑，毡帽效果图绘制时主要应体现出毛毡的质感，如图5-2-10~图5-2-12所示。

图 5-2-10 毡帽效果图 1　　　　图 5-2-11 毡帽效果图 2　　　　　图 5-2-12 毡帽效果图 3
（作者：贺聪）　　　　　　（作者：贺聪）　　　　　　　（作者：贺聪）

04 毛皮帽的效果图表现

不同动物毛皮的纹理、质感都不同。在画毛皮帽时，应着重刻画毛皮的边线轮廓，根据毛皮的结构和走向，表现方向感和质感，还可以根据毛皮的斑纹及毛的长短描绘。毛皮类帽饰效果图的关键是描绘出毛皮的质感，可在暗部与亮部之间着重刻画，如图5-2-13~图5-2-15所示。

图5-2-13 毛皮帽效果图1（作者：贺聪）　　图5-2-14 毛皮帽效果图2（作者：贺聪）　　图5-2-15 毛皮帽效果图3（作者：贺聪）

05 草帽的效果图表现

草帽是由草类编织而成的，在绘制草帽效果图时要画出草帽编织的纹理，在草帽上好色后用深色勾画出编织的纹理，可以简单画一部分进行表示，也可以细致画满整个帽子，注意画镂空部分时，表现出镂空部分的光阴效果会更加逼真，如图5-2-16~图5-2-18所示。

图5-2-16 草帽效果图1（作者：贺聪）　　图5-2-17 草帽效果图2（作者：贺聪）　　图5-2-18 草帽效果图3（作者：贺聪）

06 毛线帽的效果图表现

毛线帽是由多股毛线编织而成的，毛线帽越厚实，毛线的股数越多。毛线帽的结构明显区别于梭织帽，其纹路组织更为明显，绘制毛线帽时，可在织纹和图案上下功夫，要体现出每款帽子编织的花纹样式以及毛线帽的厚薄感，如图5-2-19~图5-2-21所示。

图5-2-19 毛线帽效果图1（作者：贺聪）　　图5-2-20 毛线帽效果图2（作者：贺聪）　　图5-2-21 毛线帽效果图3（作者：贺聪）

07 各种材料效果图表现示范图例

　　不同的画笔在表现同一材质的面料时，其效果也不完全相同，布帽、草帽、麻帽、毛线帽等的手绘效果图如图 5-2-22 所示。

头饰（马克笔）

头饰（水彩，彩铅）

麻帽（勾线笔，水彩）

布帽（色粉笔）

草帽（勾线笔，水彩）

布帽（勾线笔，水彩）

草帽（油画棒）

头饰（彩铅）

图 5-2-22 各种材料帽饰效果图示例

（作者：贺聪）

第三节 工艺图的表现

工艺图是记录产品从原材料投入开始，经过各道工序加工为成品的生产过程图。在帽饰设计中，是将帽饰的设计、结构通过平面图表达出来，一般是绘制帽饰的三视图。在实际运用中，工艺图多用于工厂打样制作，所以要尽可能详细具体，用于技术性指导。

帽饰的工艺图主要由帽饰的结构线稿图和标示组成。线稿图要尽量详细清楚，造型准确，各部分结构，如褶皱、缝线、花纹等有要求的都需要绘制清晰。细节部分可以放大，单独拎出来详细附图说明；标示要标清帽饰的尺寸、材料、转角大小、图片、印花尺寸，如图 5-3-1、图 5-3-2 所示。

图 5-3-1 鸭舌帽成品

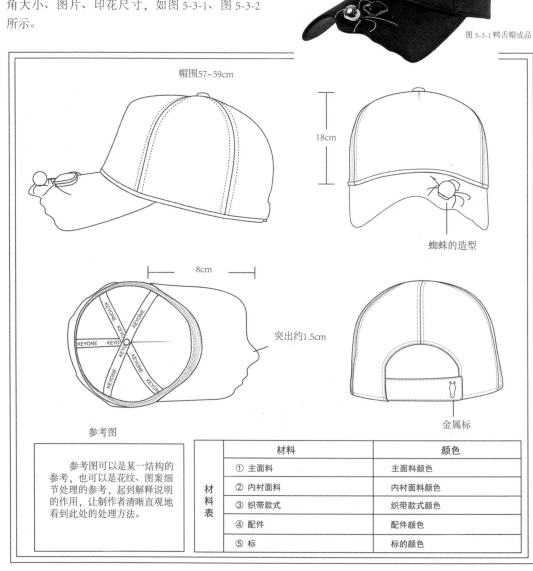

材料		颜色
	① 主面料	主面料颜色
材料表	② 内衬面料	内衬面料颜色
	③ 织带款式	织带款式颜色
	④ 配件	配件颜色
	⑤ 标	标的颜色

参考图可以是某一结构的参考，也可以是花纹、图案细节处理的参考，起到解释说明的作用，让制作者清晰直观地看到此处的处理方法。

图 5-3-2 鸭舌帽工艺图示例

第五章 帽饰设计表现

要注意的是，每个帽饰的工艺图都不尽相同，结构简单的只需要放三视图就能表达清楚，而复杂的可能还需要放细节图、爆炸图，工艺复杂的地方还可以放上参考图进行详细说明，这是根据每个帽饰的难易程度而定，在此只是做个示范。工艺图注重的是将结构细节描述清楚，不需要做绚丽的色彩效果图。

工艺图的制作步骤主要分为三步。

①绘制线稿：绘制需要说明的帽饰的黑白线稿，通常为帽饰的三视图，有时也需要四分之三侧视图。

②细节说明：重点设计的部分可以放大加细节说明，还有一些复杂的结构、图形或是特殊的处理方法也可以局部放大，进行详细的标注说明，也可以放入彩色的参考图或是贴上面辅料小样。

③文字描述：最后在图片上添加设计说明、尺寸标注、材料说明等文字标示，进行进一步的解释。

在工厂中，工艺图的作用更为重要，它是成功将设计师的想法转达给版师的关键，一张好的工艺图是版师通过这张图纸能够百分百还原出设计师的构想，将其制作成实物。在公司中，工艺图又被称作工艺单，它的制作都有统一的规格样式，除了帽饰的线稿、细节说明这些以外，还需要有打样编号、制单日期、面料到库日期等信息，既方便设计师制作工艺图，方便版师快速理解，也便于公司的统一管理整合。帽饰工厂打样工艺单示例如图 5-3-3 所示。

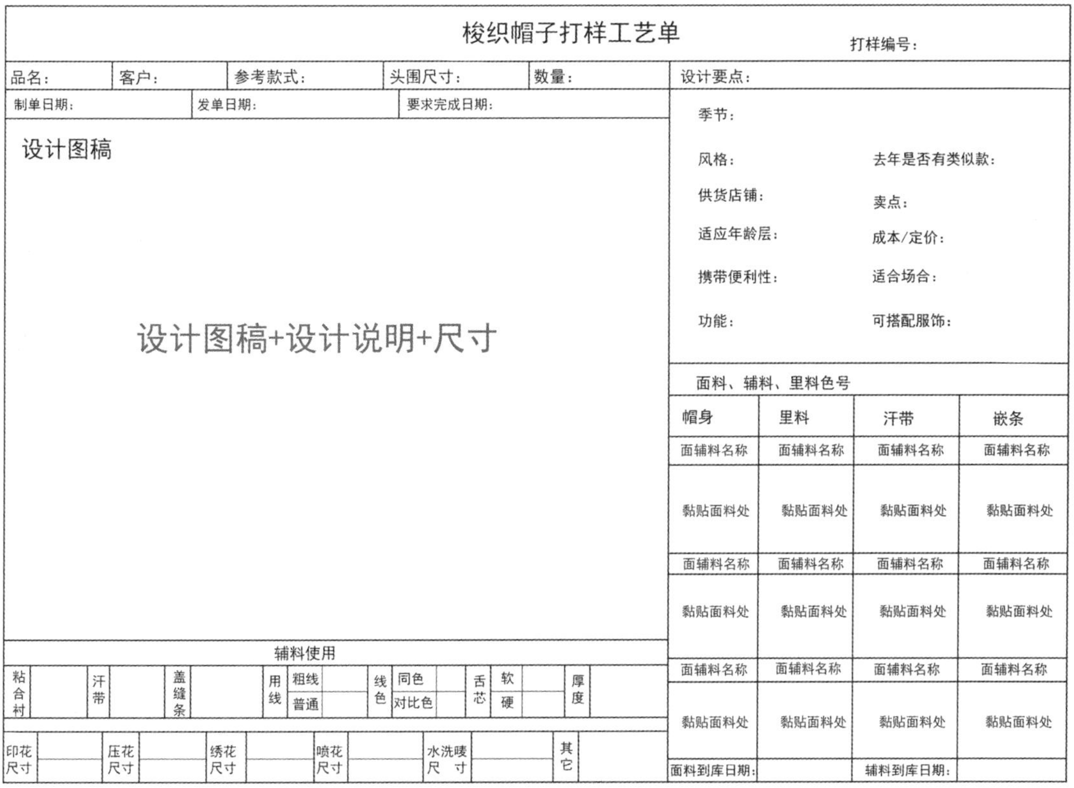
梭织帽子打样工艺单

打样编号：

品名：	客户：	参考款式：	头围尺寸：	数量：	设计要点：

制单日期：	发单日期：	要求完成日期：

设计图稿

设计图稿+设计说明+尺寸

季节：	
风格：	去年是否有类似款：
供货店铺：	卖点：
适应年龄层：	成本/定价：
携带便利性：	适合场合：
功能：	可搭配服饰：

面料、辅料、里料色号

帽身	里料	汗带	嵌条
面辅料名称	面辅料名称	面辅料名称	面辅料名称
黏贴面料处	黏贴面料处	黏贴面料处	黏贴面料处
面辅料名称	面辅料名称	面辅料名称	面辅料名称
黏贴面料处	黏贴面料处	黏贴面料处	黏贴面料处
面辅料名称	面辅料名称	面辅料名称	面辅料名称
黏贴面料处	黏贴面料处	黏贴面料处	黏贴面料处
面料到库日期：		辅料到库日期：	

辅料使用

粘合衬		汗带		盖缝条		用线	粗线		线色	同色		舌芯	软		厚度	
							普通			对比色			硬			

印花尺寸		压花尺寸		绣花尺寸		喷花尺寸		水洗唛尺　寸		其它	

图 5-3-3 梭织帽子打样工艺单

第四节 设计版面的表现

设计稿的最后处理包括设计表达的排版。效果图画得再好，如果最终没有好的形式去呈现，那么效果会大打折扣，仅仅几张效果图，并不能充分表达出设计师的想法与创意，所以设计稿最后的处理十分重要。设计师可以充分运用电脑效果图、配色图、材料贴图等不同的形式传递最终设计方案的大致效果，准确结构、材质说明、配色方案以及合理的排版能够更好传递信息。

设计效果图的最终目的是使版面产生清晰的条理性，用流畅的设计稿和组织构架来更好地突出主题，达成最佳的诉求效果。其中包含帽饰手绘或电脑设计效果图、设计主题、设计说明、材料说明、色彩说明以及整体的排版。它有助于增强观看者对版面的注意，增进对内容的理解。要使设计表达获得良好的诱导力，突出所要表达的主题。可以通过最后设计呈现空间层次、主次关系、视觉秩序及彼此间的逻辑条理性。

例如系列设计时，可以按照主从关系的顺序，放大主体形象成为视觉中心，也可以利用效果图前后的空间关系营造氛围进行编排等。但是无论使用何种形式，都必须要符合主题的思想内容，这是设计稿最后处理的前提。只讲完美的表现形式而脱离内容，或者只求内容而缺乏艺术的表现，整体设计都会变得空洞而刻板。只有将两者统一，考虑主题的思想精神，融合自己的设计风格，找到一个符合两者的完美表达形式，才能将帽饰产品所要表达的精神传达给受众。

设计说明：
这组帽子的灵感来源于中国的传统国画，但区别于国画黑白的色彩。
作品运用的颜色更加艳丽，这是场关于水墨与色彩的相遇，渲染出逶迤的形态。
面料采用丝绸通过铁丝的塑形以达到画面的效果。

图 5-4-1 设计版面表现示例（作者：周姝君）

在设计效果最后的呈现过程中，追求新颖独特的个性表现，或无规则，或不平衡的空间，或以追求幽默、风趣的表现形式来吸引观看者，引起共鸣，乃至当今设计界在艺术风格下的流行趋势。

通过塑造设计效果图的风格，摆脱陈旧与平庸，给设计注入新的生命。在最后的处理和编排中，除图片本身具有的趣味外，再进行巧妙的设计和配置，可以营造出一种妙不可言的空间环境。很多情况下，效果图和图片本身平淡无奇，但经过巧妙的组织后，即产生神奇美妙的视觉效果，如图 5-4-1~ 图 5-4-4 所示。

《墨语年代》

设计说明：
这款系列的帽饰诠释了中国"水墨"中的通透留白、疏密结合的文化与意境，也结合了少数民族（羌族）服饰中多彩的特点。金属片与棉织物两种不同材质的碰撞，形成强烈的视觉冲击感，外有透明纱布"缠绕""包围"的层次感，营造出一种神秘而又古典风格的帽饰设计。

图 5-4-2 设计版面表现示例（作者：高茜）

极端复古

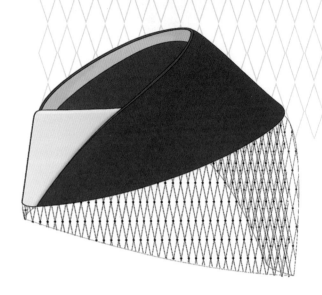

面料： 网纱　毛毡　皮革

| 兰花紫 SH0402381 |
| 紫水晶 SH0402644 |
| **烟雾粉 SH0303106** |
| 烟熏黑 SH0700462 |
| 神秘紫 SH0402020 |

灵感来源：

将复古元素中经典的网纱和和其他复古元素拼在一起，

各种复古元素在本季跨时空相聚。

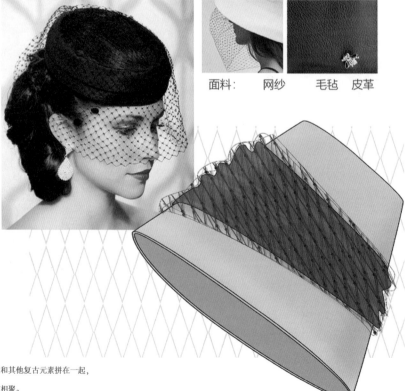

图 5-4-3 设计版面表现示例（作者：谢冰雁）

异化／共存

面料：网纱
　　　皮革

烟雾粉 **SH0303106**	
紫水晶 SH0402644	
皮革棕 SH0402644	
浅蓝色 SH0500990	
鹅黄色 SH0100080	
丁香粉 SH0200329	
神秘紫 SH0402020	

灵感来源：

跨界合作成为现在的流行，

打破界限势在必行，

所以本季将突破界限，

将不同风格的元素组合在一起。

图 5-4-4 设计版面表现示例（作者：谢冰雁）

第六章 帽饰赏析

  实物作品完成后，作品展示也是整个设计的重要组成部分，展示实物照片是设计师向企业、消费者介绍推广帽饰方便而有效的途径。照片的效果直接决定了帽饰设计的好坏，好的照片展示能够为设计加分，如干净整洁的背景、专业的模特、合理的摆放，适当的情景表现。

第一节 效果图作画步骤解析

这款羽毛头饰使用马克笔绘制而成，画羽毛梗时需要快速一气呵成，越画到羽毛的前部用笔越轻，需画出羽毛轻柔的感觉。本幅作品在马克笔完成后，又在电脑上进行了后期的综合提亮处理，使之更有质感，如图6-1-1所示。

图 6-1-1 羽毛头饰作画步骤
（作者：石上源）

这款帽饰线稿用笔需刚劲有力，勾勒出所使用羽毛的坚挺，使用马克笔上色时注意明暗对比，画出层次感，如图6-1-2所示。

图6-1-2 羽毛头饰作画步骤
（作者：石上源）

这款毛毡帽用马克笔绘制而成。一部分涂满，一部分留白，中间画出过渡色，贴钻用白色丙烯笔点出。作品既画出了毛毡的质感，整个帽饰又有透气感，如图 6-1-3 所示。

图 6-1-3 毡帽作画步骤
（作者：石上源）

这款毛皮帽使用马克笔涂色，铺底色时要注意深浅变化，深色部分多上几层颜色，浅色部分涂一层即可，画出帽檐漆皮的效果。帽身荔枝皮纹理用彩铅后叠加上去，最后用白色彩铅提亮高光部分。金属链条用黑色彩铅将链环暗部加深，亮部留白即可，如图6-1-4所示。

图 6-1-4 毛皮帽作画步骤
（作者：贺聪）

第二节 帽饰作品赏析

如图 6-2-1 所示的帽饰是马来西亚帽饰设计师 Bremen Wong 的作品，他的作品天马行空，他擅长用 ABS 来制作帽饰，通过对 ABS 的切割、弯折、扭曲来制作造型各异的帽饰。

图 6-2-1 Bremen Wong 帽饰作品

图 6-2-2 隋益达帽饰作品

　　帽饰的造型、色彩决定了帽饰的风格。如图 6-2-2 所示的几款帽饰虽然帽身以及装饰物所用的材料都一样或类似，但其风格却各不相同，能搭配的服装色彩、风格也不一样。

图 6-2-3 夸张的头饰

一些帽饰造型夸张、奇特，需要搭配特定的服装，不适合日常或是宴会搭配，但其本身就像是一件艺术品。夸张的帽饰适合搭配简单的服装，再配上搭配主题的妆容、造型，就能呈现最佳的照片效果，如图 6-2-3 所示。

图 6-2-4 羽毛头饰

图 6-2-6 网格料头饰

图 6-2-7 3D 打印头饰

图 6-2-5 TPU 材质头饰

图 6-2-8 塑料头饰

图 6-2-9 铁丝网制作的头饰

　　帽饰的材质多种多样，不受限制，可以是做帽饰常用的面料、羽毛、绢花等，也可以另辟蹊径，用一些特殊的材料，如铁丝、TPU、3D 打印等，如图 6-2-4~ 图 6-2-9 所示。

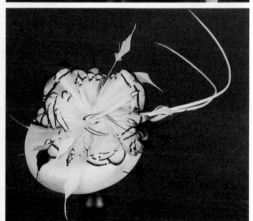

图 6-2-10 带底座的头饰

　　有一个小底座的头饰被称作鸡尾帽（Cocktail Hat），鸡尾帽最初是用来搭配鸡尾酒礼服的。小巧的底座使整个帽饰看上去优雅、端庄，如图 6-2-10 所示。

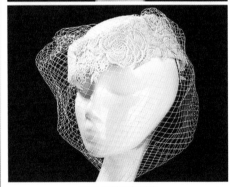

图 6-2-11 婚纱系列头饰

　　使用白色纱布、蕾丝、羽毛等材料，纯手工制作的帽饰，造型精美、优雅，主要用于搭配婚纱。此类帽饰与其他帽饰的区别在于以白色为主色调，可适当搭配一些浅色的装饰物，造型不易太过夸张、繁杂，要给人优雅、美好的感觉，如图 6-2-11 所示。

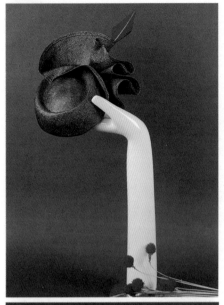

每个帽饰都是纯手工制作，是独一无二的。不同的材质、配饰、成型工艺都会影响其最终呈现效果，或简约优雅，或雍容华贵，如图 6-2-12、图 6-2-13 所示。

图 6-2-12 不同风格帽饰赏析

图 6-2-13 不同风格帽饰赏析

草帽被沿用了数百年，如今也越具时尚气息，可搭配休闲装服，也能与优雅的服装搭配，如图 6-2-14、图 6-2-15 所示。

图 6-2-14 草帽赏析

图 6-2-15 草帽赏析

造型独特不常见的帽饰往往更能吸引人的注意力。这些帽饰有些是为了功能的设计，有些是为了搭配服装，如图 6-2-16、图 6-2-17 所示。

图 6-2-16 针织帽赏析

图 6-2-17 其他帽饰赏析

JEFF 帽饰博物馆藏品鉴赏，如图 6-2-18、图 6-2-19 所示。

图 6-2-18 JEFF 帽饰博物馆藏品

图 6-2-19 JEFF 帽饰博物馆藏品

第六章 帽饰赏析

第三节 帽饰辅料设计赏析

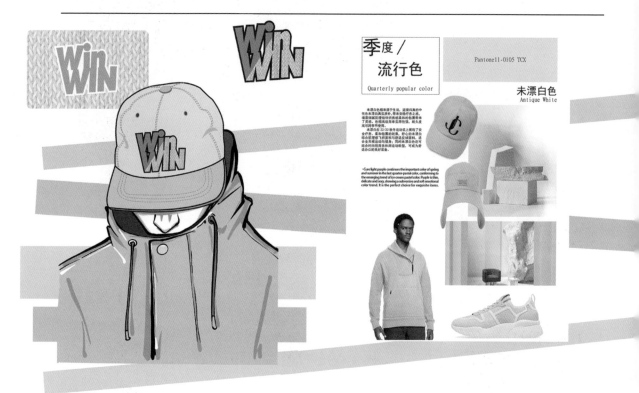

图 6-3-1 鸭舌帽流行色与设计举例

从流行色彩、流行材料、流行工艺和细节的角度完成商业棒球帽构思，如图 6-3-1~ 图 6-3-4 所示。

图 6-3-2 鸭舌帽新材料趋势与设计举例

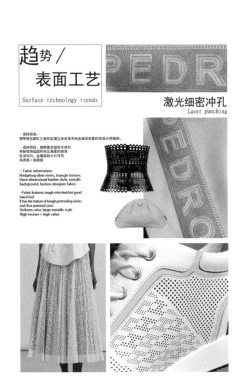

图 6-3-3 鸭舌帽的表面工艺趋势与设计举例

图 6-3-4 鸭舌帽的后扣带趋势及设计举例

第四节 设计比赛作品欣赏

首届帽仕汇杯国际帽饰设计大赛的作品及走秀照片赏析，如图 6-4-1~ 图 6-4-3 所示。

图 6-4-1 获奖作品效果图及走秀照片（作者：吴凯立）

图 6-4-2 获奖作品效果图及走秀照片（作者：鲁杨楠）

图 6-4-3 获奖作品效果图及走秀照片
(作者：张帅、高茜、王瑜婷)

后记

教学之路，任重而道远。

《帽饰设计与表达》一书历经了三年的努力奋战，今天终于完稿。编写期间历经了授课方式从线下转到线上、从纸质教材转用电子教材，使得编写工作不断变化，加之书中作品大多数都是企业和学生们的原创，完成拍摄图片工作耗时较长。希望通过本书把我们所掌握的知识分享给相关专业的师生和服饰爱好者们，也希望这本书能够得到大家的青睐。

帽饰设计作为服饰品设计中的一项分支，因为相对小众常常被大家忽视，通过时尚设计系列丛书的逐步出版，希望能引领服饰设计方向在文化传承、美育教育、社会服务等实践活动中的发展，也让更多的年轻人加入到帽饰设计行业。在此书编写过程中特别感谢上海帽仕汇、南通富美企业同仁们的大力支持，感谢他们提供了许多实际性的帽饰作品制作工艺图纸以及相关的宝贵资料，也感谢参与编写该教材的全部编者们，感谢在此过程中给予大力支持的同事们、朋友们、学生们和家人们，希望在大家的协同下，时尚产品设计能受到更多人的关注。

本书是帽饰设计的专业基础教材，根据帽饰设计与开发的产业流程会不断扩充完善，希望大家继续关注后续配套教材的出版。本书也难免存在一些不足，敬请广大读者和专家批评指正。

俞英

2022 年 1 月